城市景观与
公共艺术设计研究

宋晓曦　著

电子科技大学出版社
University of Electronic Science and Technology of China Press

图书在版编目（CIP）数据

城市景观与公共艺术设计研究/宋晓曦著. --成都：
成都电子科大出版社，2024.3

ISBN 978-7-5770-0929-2

Ⅰ．①城... Ⅱ．①宋... Ⅲ．①城市景观 - 景观设计 -
研究 Ⅳ．①TU－856

中国国家版本馆 CIP 数据核字（2024）第 047673 号

书　　名	城市景观与公共艺术设计研究
	CHENGSHI JINGGUAN YU GONGGONG YISHU SHEJI YANJIU
作　　者	宋晓曦
出版发行	电子科技大学出版社
社　　址	成都建设北路二段四号
邮政编码	610054
印　　刷	电子科技大学印刷厂
开　　本	787mm×1092mm　1/16
印　　张	10
字　　数	134 千字
版　　次	2024 年 3 月第 1 版
印　　次	2024 年 3 月第 1 次印刷
书　　号	ISBN 978-7-5770-0929-2
定　　价	68.00 元

前言

在当今社会里，城市环境景观不仅有空间展示的作用，更能够为人们提供一个舒适的实用环境，同时景观空间作为艺术信息的传递载体，具有现代构成感的审美价值。城市的景观环境与人们的生活紧密相关，人们的日常生活多半在公共空间的环境中进行，城市中的不同景观要素相互联系、相互作用，共同构成了城市的整体景观。而公共艺术则恰恰有助于塑造一个凝结着现代审美认知、体验、经验和评价的情感信息的城市景观环境，使人们在体验空间的同时能够进行合理的交流。

在城市景观设计中，公共艺术的设计不仅要考虑在公共艺术品体量进行的空间表现及艺术处理，更重要的是必须根据公共艺术品所放置的具体环境空间中的各种因素关系进行设计。一个优秀的公共艺术应与它所处的环境形成一个有序的整体空间，以此表达一种在特定环境中不同价值的空间意识及文化内涵，在具体的景观空间中起到维系作用。如今，社会经济条件日趋成熟，人们对生活环境提出了更高的要求，城市也被要求需要更具品质感，更有文化内涵和艺术品位，环境的塑造以及城市的景观是体现城市品质的重要载体，随着城市的发展和人们对精神生活的需求，公共艺术和景观设计逐渐融入人们的生活中，给人们的生活注入了活力，成为人们的精神寄托，公共艺术设计和景观环境已经成为一个城市景观最主要的一部分，因此，应将两者有效结合，才能促进城市可持续发展。

本书属于城市景观与公共艺术设计方面的著作，本书通过对城市景观设计的相关理念、艺术元素研究以及其应用进行分析，从不同方面论述了城市景观设计的内涵作用。同时，通过对公共艺术设计进行分析，具体论述了城市公共艺术设计的实施效果。本书主要阐述了对城市公共艺术的相关要素的研究，探讨了城市景观设计的可能性。该书的出版为城市景观及城市公共艺术设计的理论做出了一个系统的梳理，在城市景观设计的实践方面具有一定的促进作用和借鉴意义。

　　本书提出城市景观与公共艺术的概念，借鉴国内公共景观艺术的经验，总结介绍了常见的公共艺术的形态、作用、功能和赏析技巧，以及规划设计，仅供城市景观艺术从业人员及相关爱好者参考。

　　在本书的撰写过程中，作者参考了大量书刊与文献资料，主要参考书籍已在参考文献中列出，在此对参考引用的书刊文献的作者表示衷心的感谢。由于作者水平所限，书中若有错误或不妥之处，恳请广大读者批评指正。

目 录

第一章 城市景观设计艺术元素分析

第一节 城市景观的概念

一、城市景观的含义

城市景观作为人工景观，结合自然景观的复合场所，是人类改造自然的具体体现。作为景观的一个组成部分，城市景观具体包含城市建筑城市街道广场、公园等人工景观。

城市景观作为人们生活的主要栖息地及具体的场所体验空间，直接影响与体现着人们对生活的需求和社会意识。一般来说，一个城市存在的历史越悠久，人工意志具体体现的形式便越丰富，具体到城市存在的方方面面。因此，城市景观中更加注重美学与景观美学的应用，比如在城市人文历史大背景下的城市空间美以及传统文化的历史印记感官美等内容。城市景观应注重对城市人文景观的发掘利用，使得现代景观设计与人文资源得到最优化的展现。同时，人们的观念在时代发展进程中也在不断发展变化，人们的主观要求与行为习惯都受到时代背景的影响。所以，在城市景观设计的过程中也更应注重人在景观环境中的体验，当下研究的气候适应性及微气候改善等都对城市景观的发展方向有重要的指引作用。

城市景观的内涵与景观的内涵基本一致，区别在于城市景观是城市的内在规定性与外在影响的双向作用的产物，城市景观的内涵因此必然有其自身的个性特征，而景观则是覆盖城市景观及其他景观（如乡土景观）的更大内涵。因此城市景观与景观之间的内涵关系就是个性与共性关系，二者既有联系又有区别。

就应用层面而言，景观的概念有狭义与广义之分。狭义景观与园林是联系在一起的，即"园林说"。人为景观基本上等同于园林，具体的景观规划设计者一般持有这种概念。这种概念下的景观基本成分可以分为两大类，一类是软质的东西，如树木、水体、和风、细雨、阳光、天空等；另一类是硬质的东西，如铺地、墙体、栏杆等，软质的东西称为软质景观。通常来说是自然的，硬质的东西称为硬质景观，通常来说是人工的。不过也有例外，如山体就是硬质景观，但它是自然的。广义的景观是空间与物质实体的外显表现。广义的景观本身大致包括四个部分，一是实体建筑要素，即建筑物，但建筑内的空间不属于景观的范畴；二是空间要素，空间包括广场、道路、步行街及公园和居民自家的小庭院；三是基面，主要是路面的铺地；四是小品，如广告栏、灯具、喷泉、卫生箱及雕塑等。

城市景观基本上采用广义的景观定义，即城市景观是城市空间与物质实体的外显表现。广义的城市景观本身也大致包括四个部分，即把广义的景观要素冠以专指范围的"城市"前缀——城市景观由城市实体建筑城市空间要素、基面、小品等组成，是按一定原则组合在一起的。

城市景观包含着一个广阔的领域，总的来说，它是城市总体形态的外在表象，是城市实体给人的直接视觉感受，是人对城市最直观的认识途径。人依靠视觉认知环境，正是城市具体的形态通过人对它的体验、记忆向人传达出城市内在的文化、历史品质，对人的心理产生复杂的影响，人由此而感受到的城市视觉体验又激发起人对城市环境的情感，继而又使人对其所处城市产生认同感。从这一点而言，城市景观是人及其自身周围环境的心理与物质构架，它直接影响着人的知觉和空间定位，城市一系列的连续景观构成了人对城市环境的知觉空间。因而，城市景观体系在城市空间中占有相当重要的地位，它是衡量人们生活标准的重要指标，是形成人们对自身生活环境归属感的源泉。

二、城市景观的演化

从远古时代城市的出现直至今天，城市景观的演化随着人类文明的进步不断发生变化，人类在技术进步的帮助下，不断地改造和创造景观，城市景观的演化过程可以被视为是人类个体和社会进步的轨迹。由于城市景观的形成和发展受到所处社会的经济、技术、文化等一系列隐含力量的制约，因此，在不同的社会发展阶段呈现出不同的城市景观图式。

农耕时期由于受人类的技术条件限制，这个时期的城市景观图式体现出的是人类选择并适应自然环境以求得生存的基本行为。

在中国古代，对自然景观的眷恋和依赖培养了一种风景欣赏的品位——独特的"山水"文化，其深刻地影响了中国景观美学的发展，并在景观实践（实践包括城市建设、造园等）中形成依山傍水的"山水城市"。这其实反映的是中国人对待自然的行为方式，也源于人们敬畏原始的生态保护观念，以一种不带征服色彩的方式适应自然。通过宝塔、凉亭之类的建筑物或构筑物完善风水图式和人文内涵；或者以少量的景观建筑表达隐于山林的栖居理想，这种"山水城市"的思想与农耕社会相适应，逐渐形成了缓慢发展而稳定的城市景观空间形态。

后工业时代，为补充工业化时代郊区化城市景观，在满足人们亲近自然而居的欲望的前提下，将城市的工作场所和休闲娱乐设施外泄入郊区，从而形成了边缘城市或"外泄城"，"外泄城"模式被应用在新兴郊区高科技园区的建设中，城市的工作、娱乐和生活服务设施走出城市，插入已经存在的郊区化城市。除了办公园区外，新的住宅区、新的企业园区在地价更为便宜的郊区化城市的外缘发展，企业园逐渐从工业生产型的基地发展为以研发型的高科技企业为主体，以创新为生命和以人为本的高技术中心。从单一的生产功能发展到融工作、生活、娱乐、社区、交流为一体的功能综合体，通过对自然、工作、生活的重新整合，实现"居住—自然—工作—交流—娱乐"的和谐发展，从而形成边缘城市或"外泄城"。而汽车的可达性仍然是这些发展的重要条件。这一变化又定义了一个新的城市格局，一个低密度和完全依靠汽车的景观格局。

以上对城市景观演化的分析近似于意象性的描述，而不同交通方式下城市形态的演化过程则可以有助于人们对城市景观演变的进一步理解。

（一）农业时代——以步行与马车为主的交通方式

这是城市形态的膨胀阶段，城市外部空间由内向外呈同心圆式连续延伸，城市用地连片地向各个方向发展，一圈接一圈地连续发展使整个城市的活动错综复杂，各种功能混杂在一起，处于农业时代的城市在无控制的情况下就以此形式自由发展。

（二）工业时代——以有轨电车与汽车为主的交通方式

这是城市形态的蔓生阶段，也是向心体系阶段（母城—卫星城），城市外部空间沿主要对外交通轴线呈跳跃式成组成团星状扩张扩展，相应交通辐射型结构城市以几条主要道路为轴线呈辐射状生长。这种形式是城市空间生长中较常见的形式，是最不稳定的空间形态。如其中一条发展轴具有较大优势，则形成城市的带状生长形式。带状生长是主轴线型结构的显相形态，往往沿某种地理要素，如谷地，河道、海岸及交通道路等而形成。

（三）后工业时代——综合交通方式

这是城市形态的连绵带阶段，城市外部空间低密度连续蔓延（向心体系发展，两个以上城市地域连成一片），多中心的跳跃式生长城市结构，是空间发展脱离老城区而开辟新区的一种形式。这种不连续的用地发展方式，在空间形态的演变中是从不连续的演化过程通过相互吸引又发展为连续的过程。

从上述城市形态演变的过程来看，城市空间格局主要经历了团状城市—星形城市—分散组团城市—带状组团城市—多组团半网络化城市的演化过程。城市各种功能活动（交通方式）所引起的空间变化促进了空间的位移与扩张，这种位移和扩张其实质就是一种空间演变。在现实生活中，上述五种演变类型往往交替进行。

三、城市景观的相关概念

（一）城市空间与城市景观

实体和空间是城市景观的两个基本要素。城市景观既包括城市中的各种实体，同时也包括了这些实体的外部空间，城市景观的概念与城市空间的概念密切相关。城市中的各种实体，即建筑物、构筑物、道路、树木等构成了城市物质环境，而由这些实体组成的外部即为城市空间。一般说来，城市空间主要包括街道空间和广场空间，城市空间也可以理解成建筑外部空间组成的空间系统，良好的城市空间环境涉及空间的尺度，空间的围合与开敞，并与自然的有机联系。

城市空间从形式来看是虚无的，但与城市实体同样重要，二者缺一不可。城市空间是人们公共生活的场所，城市人的集会、休憩及交往大都发生在城市空间之中。城市的空间不仅是一个自然地理和物质空间实体，也是一个社会活动和行为知觉场所，其内容包括空间、时间和活动。它既是具体的又是抽象的，既是明确的又是模糊的。城市景观中的实体建筑、空间要素等都十分重要，都是景观整体系统不可忽略的组成部分。

（二）城市形态与城市景观

城市形态包括物质形态和非物质形态。城市物质形态包含两个层次：一是城市的肌理，从整体层面上反映城市地面和立体空间的状态，反映城市新旧更替的过程；二是城市的结构，城市各功能区、内外交通的干线轴所构成的形态特征，着重反映城市新旧更替和发展开拓的过程。包含在这两个层次内的物质形态元素可分为两类：自然元素和人工元素。城市形态是由空间结构与具体形式共同作用构成的，城市形态的基本组成是街道、开放空间与建筑，它包括城市功能分区、城市规划结构、城市用地形态和城市自然状况等因素。城市形态与城市景观范畴大致相同，城市景观是城市形态的外在表象，城市形态所包含的也都是城市景观中所包含的。城市景观的形成是一个动态的过程，在过程中的"时间"切片内包含了诸多的影响因素，反映着城市形态的变化特征。研究城市形态的目的在于从更高层次上把握城市景观形成的内在驱动力和外在优化过程并为城市设计提供理论依据。

（三）城市设计与城市景观

城市设计是由城市规划和建筑设计交叉而衍生出来的一门学科，这一学科的兴起体现了人们对城市的整体性设计的关注，这既包括对城市中建筑与自然之间关系的关注，也包括了对城市中人的需求、对城市环境品质和城市功能的关注。整个范围的城市设计着重研究城市整体空间形态、城市的景观体系和城市公共的人文活动系统，城市设计既为城市规划提供思路和形象化的发展目标，也为建筑设计提供前提和轮廓，城市设计具有更多的立体性、可操作性和示意性。从一定意义上看，城市设计就是人类活动更有意义的人造环境，改造现有的空间环境，城市设计的主体就是空间环境设计。

四、城市景观及要素

（一）城市景观空间

城市景观空间是城市景观的具体存在，城市景观空间的构成形式多种多样，主要由建筑空间影响的空间外立面及景观要素组成的空间内部结构组成。

城市景观空间受城市环境影响形成不同的空间组成，人们通过对城市景观空间的归纳总结，整理出以下几种主要的空间形态。

1. 四面围合空间

四面围合空间是指城市景观空间四面受建筑包围，空间封闭，受外界条件影响较多。城市中此类型的景观空间多存在于建筑内庭或高密度建筑群中。

2. 三面围合空间

三面围合空间是指城市景观空间三面被建筑包围，空间较封闭，空间流通性相对四面围合空间较通畅，城市中此类型的景观空间相对较多，也多存在于建筑集群环境中。

3. 两面围合空间

两面围合空间是指建筑两面围合的空间属于半封闭半开放空间，具体表现有两种形式：一种为两面建筑如街道空间形式的围合，多存在于商业空间中，另外一种为连续两面建筑围合而成的景观空间，多存在于L形建筑或两栋相邻建筑的围合空间中。

4. 单面建筑影响空间

单面建筑影响空间是指城市景观空间的自由度相对较大，一般一面受建筑影响，多存在于较空旷的建筑环境中。

5. 完全开敞空间

完全开敞空间是指城市景观空间受周边建筑影响小，空间开敞性大，流通集散方便，多以风景区、城市公园等为主。

(二) 城市景观构成要素

城市景观体系包含了城市区域内的所有有形环境要素，同时也包含了超越城市环境具象形体之外的意境之美，其内容广泛、丰富多彩。从控制理论和研究角度出发，可以将城市景观分为人文活动景观和实质景观两大类。

1. 人文活动景观

从城市功能角度来看，城市中人的活动是城市灵魂的体现。城市景观的意义就是人的活动所赋予的，城市景观的精髓就在于人的活动所具有的意义，人文活动景观包括市民日常生活、公共交流、休憩散步、节日庆典、上班购物等内容，从人与城市空间交流的方式角度将人文活动景观分为三种类型。

①必要性活动，即那些日常生活中的事务性活动。此类活动特点是

在正常情况下每天都会发生。例如，人们上下班、买菜做饭、乘车或骑车、外出购物等活动。

②自发性活动，即那些只有在适宜的户外条件下才发生的活动。例如，晨练、太极拳散步、郊游等活动。

③社会性活动，即那些在公共空间中有赖于他人参与的各种活动，它为人们的交往创造了条件，对城市景观影响也最大。例如，节日庆典，聚会、游行、运动比赛等活动。

从人文活动景观的活动内容的角度来看，又可分为休闲活动、节庆活动、交通景观、商业活动和观光活动等。其中，休闲活动包括晨晚练、饭后散步、泡茶馆等。由于这些活动融入了城市居民具有地方特色的特定的规律性，这些行为的发生往往集中在为市民所认同的特定地域，因而常常是令人兴趣盎然的。节庆活动包括法定节日、民俗节日、文化性节日，这些活动发生频率低，但它产生的影响巨大，因而也常常成为一个城市具有代表性的城市景观。交通景观是指以交通枢纽为中心，沿交通流线发生的城市活动。交通活动是城市景观中最为普通的一种，其产生的影响力大，景观特征明显；商业活动体现了城市经济发展和物质文明的水平，是城市活力的表现，形成城市富有生活气息的意象；观光活动主要是针对外来游客，但它往往与最能体现城市特色的景观结合在一起，是一个城市对外交流的窗口，因而成为城市景观中不可忽视的一道风景线。

2. 实质景观

城市中的实质景观是指城市中面向公共大众的，具有一定形态的客观实体。它们独立于人的意识之外而构成城市的景观形态，是城市生活的容器，是容纳支配城市各种功能活动的躯体和骨架，并从精神上、物质上长久、深远地影响着生活在其中的每一个市民。因此，它在内容上包括了城市和自然环境、文化古迹、建筑群及道路等城市各项功能设施。相对于城市人文活动景观，它表现为"静"态景观，按其构成要素来分，可分为自然因素景观和人工因素景观。

（1）自然因素景观

①地形与地势因素。地形与地势因素是城市发展的依托，并使各个城市形成不同的城市风貌。城市道路选线布局如能充分利用这一因素，则会强化城市的特征，如凹与凸的地形就可形成完全不同的景观道路。

②山岳因素。山岳因素指城市靠山、环山、含山，不仅可为居民提供休闲活动的场所，而且有特色的地形起伏、山峦造型也可成为方向指引的标志。

③水体因素。水是生命之源，世界上许多城市都是紧贴水岸发展起来的。人类天生具有亲水的本性，因此有滨河、湖、海、江的地方就成为城市中最具吸引力的场所。如上海的外滩、珠海的情侣路和青岛的东海大路都是反映城市特色和创造公众生活的良好场所。

④季节天象因素。每个城市都有不同的地理位置和地域特点，在气候特点鲜明、季节变化较大、早晚景色绚丽的城市，季节天象因素是城市景观体系不可忽视的重要内容。

（2）工因素景观

人工因素景观是人类改造自然的结果，指经人工修建的环境景观要素。它是人的审美价值的体现，反映了人类创造力与生产力发展的水平。人工因素景观包含了城市中的公共空间结构、城市中的建筑形态与空间界面、城市街廓设施及城市次生自然环境等。

① 城市中的公共空间结构。城市公共空间是城市实质景观的主体框架，这类景观主要包括道路、街廓、广场等开放空间及由建筑（群）围合而成的城市空间。

②城市中的建筑形态与空间界面。建筑形态是形成城市景观特征的重要因素，在城市中，建筑物以其高大、鲜明或特有的形体展现在公众面前，其形体、色彩、肌理的异同及文化的内涵形成了各具特色的城市风貌。

在当代，随着超高层建筑的发展，引起了城市景观两大发展趋势：高层建筑本身成为城市景观的视觉中心，有的甚至成为城市象征性标志；高层建筑的出现使得人们观察事物的视点高度有了升高的可能，因此，周围建筑的第五立面——顶面也成为城市景观的重要构成因素。

③城市街廊设施。公用设施表明了一个城市的文明程度，如果是从人性出发的举措，则必须给市民生活带来便利。街廊设施是城市街道上协助实现城市各项功能的设施和环境艺术作品，对于城市的作用不仅仅局限于功能，而且可以塑造街道或城市开放空间的特色，使空间引发活动，使活动强化空间。它往往包括功能性栏杆、路灯、公交站亭、电话亭、垃圾箱，艺术性的雕塑、壁画、浮雕，视觉传导性的广告信号灯、招牌、海报，几乎涉及城市中除建筑物以外的所有地面物体。

④城市次生环境。城市是人类改造自然最彻底的地方，城市中的一切自然环境都被打上了人类加工的烙印。城市中修剪整齐、呈图案化的绿化，经过人工引导的水体，在人们认为适宜的地方铺设的绿地等都成为城市中所特有的自然景观。城市区域内人工塑造的或深受人工影响的生态环境即为城市次生自然环境，它对于城市环境的质量有明显的提高作用。

3. 城市景观构成要素间的关联性

城市景观体系中人文活动景观与实质景观紧密地联系在一起，因此应整体地去研究。只有各种元素相互作用协调配合，才能形成丰富多彩的城市景观。对于城市景观质量而言，人的因素是不可忽视的。这不光指城市景观构成元素中人所具有的活动景观，人对城市景观各元素的感受与体验的效果，超出景观实体构成之外的历史文化因素及它们所造就的意境都是决定城市景观的重要组成部分。因而，研究城市景观，讨论塑造城市新景观应该广泛地进行联系，找出与其相关的各种有关元素，在对它们相互联系的研究基础之上，结合该景观元素的基本性质认识它的城市景观效果，以广泛联系的方式认识每一个景观构成元素，真正了解它们的实质，只有如此，才能清晰其在城市景观体系中的地位和作用。只有从这点出发，才能有效地探讨城市景观体系，从而建立独具特色的城市景观体系。

五、城市景观及意义

城市景观体系设计是城市设计的一个重要组成部分，城市景观包含着一个广阔的领域，总的来说，它是城市总体形态的外在表象，是城市实体给人的直接视觉感受，是人对城市最直观的认识途径。人们依靠视觉认知环境，正是城市具体的形态通过人们对它的体验、记忆向人们传达出城市内在的文化、历史品质，对人们心理上产生复杂的影响，人们由所感受到的城市视觉体验而激发起对城市环境的情感，继而才能对所处城市产生认同。从这一点而言，城市景观是人及其自身周围环境的心理与物质构架，它直接影响着人的知觉和空间定位，城市一系列的连续景观构成了人对城市环境的知觉空间。因而，城市景观体系在城市空间中占有相当重要的地位，它是衡量人们生活标准的重要指标，是形成人们对自身生活环境归属感的源泉。

城市景观起着映射该时期社会经济文化生活的作用，是一个时期人们物质环境和文化理念的反映。而现代城市景观艺术设计是特定环境下科技、文化、生态理念多重结合的产物，其研究领域具有复杂性和学科交融性，在研究中能够促进城市景观艺术设计这一学科的发展，促进学科研究方法的更新、研究领域的延伸、研究对象的拓展。

对于我国而言，我国的经济社会处于高度发展的时期，城市建设正处于一个关键阶段，城市化进程加快，城市景观建设逐渐更新，一系列的城市景观规划伴随着城市化的逐渐发展，同时面对着一场激烈的变革与重塑。而我国现在也处于经济发展、城市化深入发展的阶段，存在着同样的问题，在城市人口增加、人地矛盾显著、城市结构高度物化、社会结构改变等新情况的作用下，城市规划变得格外重要，这对提高人们的生存环境和生活水平起到重要的作用。研究城市景观艺术设计的演变与发展，能够让人们在把握其发展的历史环境和演进规律中更好地理解城市景观艺术设计，促进城市景观更好地设计，促进其随着时代进步而不断发展。

现如今，社会科技水平迅速发展，在人类社会进步中，自然环境得到相应的改变，而城市景观艺术设计结合了生态理念，融合了地理学、生态学等学科理论，因而研究城市景观艺术设计有利于促进社会发展与生态环境保护的有机结合，促进生态建设。同时当代城市景观设计以人的感受为主要对象，重拾景观艺术中的情感表达，使人的感受在"景观"的参与中占据重要地位，人们开始重视城市景观的审美理念。

第二节　城市景观设计的地域性

城市景观设计不仅应该考虑历史的延续，还应当注重区域特色，中国很多城市或产生过众多文化名人，或城市自身曾占据非常重要的地理位置，或发生过重大的历史事件，或城市旅游胜地为天然形成，城市景观设计应该将这种城市的地理文脉继续发扬。不同的城市亦有不同程度的经济发展状况，因此需要考虑生态、经济和艺术因素，坚持可持续设计原则。此外，不同的城市中居住和生活的人群也不同，民族构成和人口年龄比例各方面因素也是影响城市景观设计的重要因素。

城市景观设计应该立足于传统和地域，其文脉主义需要将该地域有形的城市文化和无形的城市文化相结合，历史遗迹和思想、风俗，民艺紧密联系，如古典园林中运用的诗词匾、祠堂的建筑模式、典章节庆的集合庙会等都是中国城市的历史文脉，具有鲜活的生命力。

在城市景观设计的文脉主义解读过程中，历史是时间维度，地域是空间维度，时间和空间的结合才是合理化的设计应用。城市景观设计面对的主体是人，对于客体—城市的改造，应该以主客体的完美共生为目标。城市景观设计面临的主要问题是人与历史、人与自然、人与社会以及人与人的和谐一致。因此，中国当代城市景观设计应该追溯每个城市的历史，这种历史来源于深层次的文化意志，它有着强烈的艺术性，能完美地融入景观设计的地域文化。在当代，新材料、新科技、新方法的运用对透视和空间的理解与想象是必要的，但其必须依托中国城市的历史文化的特殊地域。

中国城市景观设计应强调文化艺术的内容更新，是历史、地域、文化、经济等各方面的统一体，借由设计实现对人居环境的改造是以人为本的中国现代环境艺术设计的美好愿景。

一、建筑景观

建筑是地域性特色街区空间构成要素中的主体，它的形态与外表面能够对地域性特色的街区景观产生直接的影响。人们对于地域性特色街区的最初认识大多来源于街区景观中的建筑形态与外表面，如在地域性特色的商业街区中，人们看出，建筑中的店铺为主体要素，方便了人们的生活，促进了街区经济的发展。建筑形态构成街区街巷尺度及结构，而外表面决定了街区的风格、样式和氛围。每个街区地域性特色的不同直接影响了建筑的形态和外表面。如对北京街区中的四合院而言，它们构成了街区胡同的尺度和结构，从而形成街区的风格，使街区具有典型的北京地域文化，反映着老北京的生活状态。

二、道路景观

街区中的道路景观主要是指划定区域范围的路障以及道路表面的铺装及其材质、色彩的表现。道路是流动景观的承载体，它的作用包括三个方面：一是划分区域的范围，通过不同材质及色彩形式的铺装，对不同功能和属性的街区空间进行界定；二是在街区中起引导作用，利用道路表面的铺装形式和路障的放置对道路系统进行合理规划以及视觉形式的引导，使得交通系统更为全面；三是增加道路的视觉效果和地域性特色，选择不同材质、色彩的铺装及路障能够增加街区景观的审美感和层次性。地域性特色的街区道路景观是丰富多彩的，它能够真实地反映街区的地域文化。

三、景观色彩

色彩是区别于其他街区景观的重要元素之一，在地域性特色街区景观中起着非常重要的作用。它可以提高街区景观的品质，给人们提供安心舒适的生活空间，从而提升居民的生活质量。

街区中清晰的景观色彩是延续地域文脉的重要载体，如前门街区中对传统色彩的表达不仅反映了居民对色彩的喜好，同时也体现了城市的地域文化和城市特色。色彩是人们对于一个环境进行形象和艺术性的概括，它可以通过地域性特色街区中的自然景观、人文景观以及空间结构和肌理表现。如建筑色彩、道路铺装色彩、照明色彩、流动的色彩等，它们都有着符合城市美学规律的色彩秩序，并反映着街区的地域性特色。

四、公共服务设施

公共服务设施在地域性特色的街区中与人们的生活密切相关，并且能够给人们的生活带来便利，对人们的心理产生一定的影响。公共服务设施在街区景观中以点的形式存在，如信息咨询台、活动设施、餐饮服务设施及环卫工程设施等。它在满足人们使用需求的同时，还可以通过地域性特色的表现形式带给人们视觉和心理上的感受。

地域性特色街区中的公共服务设施既是一种人文关怀，也是一个公共的艺术品，它将地域性特色与功能有效地结合，满足人们审美的同时还能够兼顾实用价值。公共服务设施的形式是多样的，其中包含两个方面：一是作为成品直接安装的；二是需要根据街区的地域文化进行设计，因此有着独特性。但是无论作为哪种形式出现，都一定要与街区地域性特征相统一，在共生的前提下做到和谐发展。

五、植物和水体

自然景观是人们心中对自然意识的追求所建构出的景观风貌，主要包括植被和水体。

植被是地域性特色的街区景观环境中的基础，有美化环境的作用。植物景观在这类街区中通常以多种形式出现，如草坪、花坛和行道树等。它们可以根据街区的整体环境进行设计构思，增加街区的视觉美感。多种植物的种类既可以在不同的季节表现出不一样的景观风貌，还能够反映街区的地域性特色。

水景主要包括自然形成的水景和人工设计的水景。自然水景在地域性特色的街区景观中比较少见，大多为人工水景。水景的设计在街区环境中可以起到软化与调节的作用，与其他硬质景观形成鲜明的对比，表现出节奏变化。水体可以净化街区环境、调节空气的湿度和提高街区品质。人造水景通常与人的行为方式关联在一起，表现出水景观的魅力。由于地理环境的影响，这种水景观大多存在于南方的街区中，形态也更为丰富，能够充分体现当地的地域性特色。

第三节　城市景观设计的时代性

城市景观设计除了应立足于特殊地理位置的空间维度，还应该把握时间维度，而中国城市景观设计强调坚持遵循文脉主义传统。

《考工记》中写道："天有时，地有气，材有美，工有巧。合此四者，然后可以为良。"优良的设计结合气候、环境、材料、技术为一体，在中国城市景观设计中，文脉主义要求人们必须坚持从本土的地理、历史和文化出发，在既有独特的文化艺术特色的同时，大力倡导对新科技和新材料的运用，只有将时间和空间的维度有效结合，才能真正诠释当代中国城市的景观设计的价值。

一、现代景观发展的时代背景

（一）中国现代景观发展的背景

景观文化是中国传统文化的重要组成部分。随着社会的发展，中国经济、文化及人们的思想意识也随之发生了翻天覆地的转变。从某种意义上讲，当今社会恰恰为中国景观艺术的发展提供了新的历史机遇与挑战。中国景观艺术既要继承发扬传统的理念精华，同时也要探索和开拓更多的景观艺术风格。发展创新、取长补短，不断地学习现代景观艺术，因此，借鉴优良的风格和理念便成为中国景观艺术界的共识。

（二）现代景观多元化发展的必然性

中国具有丰富无比的传统园林文化，它是中国悠久历史文化传统的一部分，反映了古人"天人合一"理想境界的追求，园林的进一步发展及我国优秀景观设计的冲击，使人们的思想发生了变化。

现代景观需要满足公众休憩、游玩、观赏、娱乐、学习、文化教育等多方面的需求，而古典园林景观大多是文人墨客的私有财产，这就意味着它只为少数人服务且满足其观赏功能。

现如今，人们也对精神生活提出了更高层次的要求。环境景观作为人类精神生活的一部分，必然要求其形式的多样化，以满足各类人群不同层次的需求。因此，作为景观的设计者应该在传统的基础上进行创造性的发展，而人们提倡继承传统也是为了更好地发展。

二、现代艺术对现代景观发展的影响

现代艺术以其自身的发展规律演变到今天，并通过实践产生了大量的艺术观念。艺术思想和艺术语言本身是一个具有巨大潜能的思想宝库，它远比那些以单纯绘画技法的训练为目的"艺术"要深刻得多。

现代艺术与现代景观两者之间的"边界"已逐渐相融，可以说，现代艺术本身已成为一种强大的生产力，也必然会影响和渗透到相关的学科中去。现代艺术给现代景观提供了一个更方便和更有效的交流思想环境，现代艺术对于景观设计而言，是一种思维方式，现代艺术作为一种思想工具，在景观设计的创新中发挥着它应有的魅力。

由于各区域的经济、文化存在一定的差异，现代的景观设计需要不断地创新，而创新思维常会给人们带来崭新的思考、崭新的观点和意想不到的结果，从而使现代景观设计呈现多元化的创新局面。

三、现代景观所折射出的时代性

（一）学科的融合与互补

景观设计、城市规划和建筑设计是联系最紧密的学科，三者的融合在其产生和成熟过程中是互相影响的。随着环境问题的日渐突出，景观设计对城市规划和建筑学的影响将会越来越大。因此，科学合理的建设需要城市规划师、建筑师和景观设计师共同努力实现。

随着景观设计的人文研究进一步加强，景观设计对人的尊重表现在规划设计的人文性、地方性，因而，设计师对心理学、社会学、哲学、美学等人文学科的研究和领悟潜在地影响着其规划设计作品的品质。

（二）景观设计思想的传播

先进的、超前的景观设计思想得到提倡和传播，以引导人们树立对人和自然关系的正确认识，熟悉景观设计的对象、价值、方法和范围，从而推动景观设计的全面健康发展。除了景观设计作品和景观设计师本身的影响，景观设计的职业教育、大众传媒对景观设计传播、宣传作用也是至关重要的。

国家的发展取决于全民素质的提高，景观设计的发展也同样取决于此，设计师对景观设计基础知识的推广、引导和培养对公众景观设计的鉴赏力也是当下的景观设计需要考虑的方面。

现代意义上的景观设计以协调人与自然的相互关系为己任，与以往的造园相比，最根本区别在于现代景观设计主要的创作对象是人类的家，即整体的人类生态系统，其服务对象是人类和其他物种，强调人类的发展和资源及环境的可持续性。

现代景观设计是人类发展、社会进步和自然演化过程中协调人与自然关系的设计形式。其领域广阔、前景美好，因此，应深刻地理解人类自身，理解人类社会的发展规律，理解自然的演化过程，为了人类自身的生存和发展，每个人都应当贡献自己的一份力量。

第四节 城市景观设计的艺术元素阐释

城市景观既是一种设计手法，又是一种经济形态，更是一种文化结构。城市景观的表现通过它的艺术语言即视觉符号以供理解，城市景观中的视觉符号可以对城市色彩、公共设施设计、人文建设等元素进行分析。在现实中，这些元素类型都不是孤立存在的，区域由节点组成，有边界限度范围，通过道路在其间穿行，元素之间有规律地互相重叠穿插。城市景观通过艺术语言的表现和传达，即各种艺术元素的应用展现了人类与居住环境的社会关系。其中，这些艺术元素主要包含了绿色植被、色彩、雕塑、广告规划及导视系统等，阅读这些艺术元素对城市景观中的人文历史和艺术设计会有更加深刻的审美认知。城市景观是现代城市设计组成的重要部分，是城市形象的直接体现。因此，对城市景观中的艺术元素进行分析，在当代中国景观设计中具有重要的现实意义。

一、城市景观中的导视系统设计

城市的导视系统是城市功能与城市形象的重要组成部分，城市导视系统的设计直接影响外来人口对一个城市的直接感受。城市导视系统可以划分为三大类别：城市交通导视系统、城市商业导视系统和城市旅游导视系统。合理的城市导视系统可以给人们带来便利、舒适的城市生活，而且通过对城市导视系统的艺术化处理也可以增添一个城市的魅力。

（一）城市导视系统设计的可读性

城市导视系统是人与空间进行直接交流的手段，检验一个城市导视系统设计得好与坏，最为直接的方式是看它能否满足人们直接读懂导视系统中的信息，能否方便人们最快最好地获取信息。因此，城市导视系统的设计应该具有"可读性"，一个导视系统的设计更重要的是要具有"可读性"，以利于满足人们心理上的需要，给人们带来便利的生活方式，从而净化人们的心灵，使人们的心灵变得舒适以此体现人与城市之间的沟通。

（二）城市导视系统设计的明晰性

城市导视系统设计可以展现一个城市的文化历史。城市导视系统设计不仅要体现一个城市的文化内涵，而且还要有合理的功能布局，在做到体现当地地方文化特色的同时又要与当地文化相符合。城市导视系统的造型和颜色要与城市整体形象相和谐，符合城市地方文化特色，并且要与城市设计的整体风格相统一。

（三）城市导视系统设计的舒适性

人体工程学又称人机工程学，是 20 世纪 40 年代之后发展起来的一门学科，反映的是人与环境、机器之间的关系。人体工程学主要通过生理和心理上的认识，使导视系统能适应人们的需要。因此，在导视系统设计中对符合人体工程学的要求极为关键，城市导视系统设计不仅需要满足人们心理上的需要，更要满足人们生理上的需要，在交通导视系统设计中，其导视标识与人的视角、高度等之间的关系极为重要。

城市导视系统设计只是城市设计中的一个小小的部分，它既能为城市的观赏增添艺术性，又能方便人们的城市生活，具有相当重要的现实意义。通过趣味性的导视系统设计，既能增添生活的乐趣，还能提高人们的文化品位。

二、城市景观中的户外广告规划设计

随着社会经济的发展，城市中的户外广告规划已经成为"城市景观的代表"，是城市景观环境中最为重要的组成部分。城市户外广告规划不仅能反映它本身的商业价值，而且可以映射一个城市的文化特征，因此城市中的户外广告规划是城市景观中不可忽视的一部分。在当代，户外广告主要包括建筑物、各类交通设施及形式多样的户外载体，如霓虹灯、广告牌、电子显示屏、橱窗、灯箱、海报等。城市景观中的广告牌没有固定的边界，从路牌、墙体、塔柱到车辆、气球，户外广告的媒介是流动变化的，从而彰显出其对不同环境的兼容性。

（一）户外广告的作用

整洁规范的户外广告规划不仅有利于城市经济繁荣，而且有利于城市的健康发展，因此当下人们必须重视对城市景观中的户外广告规划，从而为城市景观中的户外广告规划指引新的道路。

（二）户外广告规划的统筹规划

根据对城市广告规划的分类，分别制定不同的规划模板和规划规范，通过对城市中所有户外广告的类型总结可以得出户外广告的类型有独立式户外广告设施、附着于公共设施的户外广告设施、附着于建筑的户外广告设施、独立式户外广告设施（包括大型立柱式广告、大型广告看板、小型立杆式广告、实物造型广告等），若这类广告处理得当将会对城市景观起到点缀的作用；附着于公共设施的户外广告设施包括灯杆广告路牌指示牌广告、公交站厅广告、电话厅广告等，这类广告在丰富城市街道景观的同时还能给公共设施带来一定的经济价值；附着于建筑的户外广告设施包括屋顶广告、垂直于建筑立面的广告（如悬挑式店面招牌）、平行于建筑立面的广告（如牌匾广告、墙面广告）等，这类广告的数量最多且对城市景观的影响最大。因此，户外广告规划应注意处理好与建筑的关系。

城市户外广告设置规划的最高宗旨是规范城市户外广告设置、美化城市景观，形成统一整体的城市形象。在现代化城市建设中，应该在城市规划前期就按照功能分区规划好城市户外广告的样式、类别和风格。城市户外广告与城市环境的发展是一个和谐发展的过程，必须充分发挥户外广告在现代城市景观中艺术特色塑造的特殊作用。只有严格按照规划要求，在实施的过程中加强管理，才能利用户外广告独特的功能创造出高品质的城市景观环境和城市形象。户外广告在打造城市文化形象的过程中有着重要的地位，优秀的户外广告体现了富有创意的艺术性，其新颖的设计造型和鲜艳的色彩对大众的视觉感受和心理情感构成强烈的冲击力。统一规划的户外广告形成了城市景观独特的审美要素，一方面，它是商业文化与大众文化融合的现代结晶；另一方面，在有效地传达信息方面，它还搭建了公共艺术的平台，成为城市景观的重要标识。在当代，户外广告的品质展现了一个城市的文化层次，从造型、材质、设计、色彩、风格、结构等角度来看，户外广告的艺术性与城市总体景观密不可分。在区域分布、密度控制、色彩照明、文化定位各个方面，户外广告需要统筹城市规划设计的宏观体系，要保证户外广告与城市的和谐，这不仅要建立和健全评价机制，还需要大众的广泛参与。

三、城市景观设计中景观小品的运用

根据不同的城市环境和城市文化，可以塑造出不同风格的城市小品。城市小品的设置既可以为居民提供便利的生活环境，还可以满足城市景观的视觉形象，更能美化城市环境。城市景观小品的功能具有多样性，有实用功能、文化功能、景观功能等。按照景观小品的性质划分，城市景观小品可以分为装饰性小品、灯光照片小品和服务性小品。

城市景观中的小品有仿生形态几何变异、凹凸曲折、相似组合等样式，组构的方法包括切削、穿插、扩拉、附加等手段，在艺术语言上，景观小品注重对造型、色彩、材质和尺度的探索。

（一）城市景观小品的"以小见大"

城市景观小品的设计应该追求精致、以小见大，从精微之处的微观环境艺术作品中折射出宏观的艺术性。景观小品要因地制宜，符合当地特色，其造型可以丰富多样，在取材与设计风格上应与周围环境，当地文化相结合。

景观小品作为城市环境的呈现形式，通常有日常化和艺术化两种表现形式。一种是设计理论的具体运用，如休息椅凳、体育和娱乐设施或一些建筑和交通标识，景观小品包含很多艺术手法，别具匠心，从"小"艺术中表达了宏大的人性关怀主题。另一种就是纯粹观赏的审美景观小品，这些作品比较强调艺术的情感愉悦性，其材质考究或重视传统材料，如土、陶、木材、竹石等媒介的装饰和纹理；或提倡现代材料和科技手段的运用，材料如钢材、玻璃、合成纤维、马赛克等。通过绘画、雕塑和建筑的结合，这些景观小品采纳了形式美中的对称、均衡和变化法则，当人们看到整齐统一的景观小品时，就会产生愉快的心情，从小小的艺术品中感受艺术和自然赋予人类的力量。

（二）城市景观小品的"趣味横生"

景观小品的制作材料具有多样性，传统景观小品的选材较为常见的有石材、金属、木材等。随着科学技术的发展，推出了很多新材料和新技术，新材料的使用更好地丰富了景观小品的语言和形式。城市景观小品从主题、题材都反映出景观小品的新颖化特点。

城市景观小品在增加景观的连贯性和趣味性上有独特的优势，因此在现代城市景观设计中被广泛运用。当代城市景观小品以其造型和审美观念的丰富趣味取胜，传统工艺和现代高科技、新材料的技术加工手段相结合，现代城市景观设计中的小品稚拙生动、美观灵巧，大幅提升了城市的整体环境和品质，从室外景观到室内装饰，在当代城市景观设计中日益掀起一股景观小品的热潮。

景观小品的多样化题材极大增强了它的趣味性,通过文学、历史、艺术、信仰等故事表现,景观小品兼具叙事和抒情的特点,而书法、篆刻、雕塑、吉祥图案等艺术手段使其极具观赏性及意味性。

景观小品既有实用的功能性,又提供了文化的宣传价值,它是感性和理性的结合,是科学和艺术在城市景观生态中的具体物化。

四、城市景观设计中的色彩符号解析

色彩符号在城市景观设计中占据着非常重要的位置。现代主义建筑色彩多倾向于黑白灰的机械色彩,这使得现代主义建筑显现出简单明了的基调,而后现代主义的建筑色彩提倡复杂和变化。

城市色彩需要依据气候、环境、地域各自区分。必然有丰富的多元性,既要考虑历史延续中的传统色彩,又要适当地添加新时代的色彩元素。以北京紫禁城为代表的建筑,色彩主体是红和黄,它所反映出的雍容华贵的气势是宫殿具备的特质。而在"生态设计"理念指导下的生态绿化城所秉承的是以天然的绿色为主色调,这就使不同季节的植物工程显得尤为重要。

在现代视觉艺术中,表现主义、波普艺术、抽象艺术更加倾向于色彩表现力,色彩符号在景观设计中的表现也愈发重要,在现代城市中广泛涉及光学、美学、物理学、心理学等交叉领域,城市色彩景观是感知城市文化的重要组成部分之一。在景观设计中,色彩符号的表意系统具有多重含义,不同的色调应用于不同的环境条件,应对不同的人群、地域、季节;衬托各种氛围、情感和文化,应使用冷暖色系中不同的色彩符号,如家居、学校、医院等场所色彩的差异。

城市的景观色彩应统一而整体,每个城市应该确立主要的色彩符号,并辅以其他色彩,兼有缀色。依照明度、亮度、色相安排设计色彩,在植物花卉建筑材料、自然环境的协调中有意识地强化城市的特殊色彩和主题色彩,以达到对视觉识别的巩固和审美的加强。只有关注色彩、了解色彩、运用色彩，才能为城市景观的受众者创造一个赏心悦目、生动丰富的色彩环境。

色彩往往是先声夺人。一座拥有成功的景观色彩设计的城市，只有建筑形式千变万化，规划布局严谨合理，才能够体现出具有浓郁的感情色彩的城市美。

（一）江南"灰"色与青岛"亮"色的对比

城市景观色彩包括自然色与人工色。建筑物及景观小品所附属的色彩属于恒定色彩，人工要素如车辆、灯光、广告等属于非恒定色彩，自然景观如山水土壤植被也属于非恒定色彩。不同的城市景观色彩各有其历史积淀和文化特征。如北京紫禁城的城墙是金黄色的统一色调对比着四合院民居朴素的灰褐色屋顶；江南水乡整体色调是灰白色，而青岛老建筑的屋顶是红色，墙面则为米黄色，又有灰白等色调的现代建筑特征作辅助。

在城市景观中，建筑色彩主导的是色彩符号，受艺术风格影响的中国现代城市建筑色多为机械化色彩，呈现黑白灰色调。作为辅色调，景观小品丰富了城市的色彩体系。在城市色彩符号的辨识中，商业区、住宅区、行政区、风景区、历史街区都有不同的色彩特征，这与街区性质有关。

不可置疑，城市的色彩体系是系统的控制工程，建筑色彩、自然色彩、环境色彩都是景观色彩的重要组成部分，它们依照城市、季节、时间的转移而不断变化。如夜晚的灯光照明色彩是值得关注的重要部分，它决定了夜晚的氛围；白昼的城市色彩则包含了建筑的固有色，在金属、玻璃、混凝土、工程塑料砖墙、木材、瓷砖、马赛克、花岗岩及各种涂料的装饰下，城市显示了对技术的依赖，同时，建筑的环境色只有依靠对生态的保护，才能够创造蓝天白云、绿树红花的亮丽色彩。

江南古镇水乡的色彩主要以灰色调为主，形成了独具特色的色彩体系，这主要体现了以下特征：一是历史形成的含蓄雅致的美学追求。由于这些地区在古代历史上文人雅集，喜好自然山水，朴素之美的意向逐渐形成；二是反映了平民化的社会生活。灰白色是民间百姓在长期生活积淀中达成的审美共识；三是地域性的决定因素。由于江南地区潮湿多雨，经常伴以连绵的雨雾，所以，特别亮丽的色彩并不适宜于该地，在自然环境的和谐衬托中，灰白色开始成为这些城市的主色调。江南水乡的灰色建筑与江南地区优美的自然搭配，其色彩统一协调，形成中国南方典型的小城市色彩标识；而作为胶州半岛的海滨城市青岛，则提供了另一个由历史文化和现实条件决定城市色彩的个案。

(二) 其他城市多元化色彩

中国近代美学家宗白华形容中国传统艺术美学的两种理想为"初发芙蓉"和"错彩镂金"的美，在打造城市景观色彩的过程中，朴素自然的色彩从本体论的角度平分秋色，它因时因地地反映了不同人群的心理需求。

中国城市景观的色彩符号是民族性和地域性的统一，同时，现代的色彩表现愈加多元化。建筑主体的多元、绿化植被的丰富以及城市街道的涂鸦都为色彩系谱扩大内涵，只有色彩符号正式被城市纳入建设规划，成为文化象征，城市色彩才能真正发挥它的现实作用。在中国当代各城市景观设计中，由于受不同的气候条件的影响会形成各异的城市色彩，其对人的生理和心理产生的感受也不同。总之，城市景观中对城市色彩的设计应因地制宜，传承民族文化与地域文化。在不同时空的变化中，不同的城市色彩理应是千变万化，统一中而展现多元化面貌。

六、城市景观环境雕塑中艺术符号的运用

在一个城市中，城市景观中的雕塑艺术品是城市文化的一个重要组成部分。城市雕塑会出现在城市的街心、公园、公共建筑前面及具有纪念意义的场所等，城市景观中的雕塑艺术品有美化城市、美化生活、教育人民，提高人民审美情趣和文化素质等多重特殊作用。

从严格意义上说，雕塑从一开始就是三度空间的艺术，这是与建筑共有的特点，在城市景观设计中，雕塑是和建筑最相近的艺术。城市建设中的城市雕塑不仅可以显示出一座城市的文明、形象、文化底蕴及城市品位，而且可以提高城市居民的综合文化素质，所以城市雕塑艺术是城市文明中一个重要的文化载体。

(一) 城市雕塑的象征和隐喻

不同的城市有着不同的文化底蕴、历史文化，通过城市雕塑可以体现每一个城市独特的文化艺术意蕴。城市雕塑是城市景观设计的重要组成部分，通过各种形态的雕塑艺术，传达了城市的场所精神，这些雕塑首先以具象和抽象的形式反映了某种象征和隐喻。在具象雕塑中，对历史或神话中英雄人物形象的单体及群体雕像的刻画往往表达了该城市的历史象征。而很多抽象雕塑多具有现代艺术的表现意味，它们是现代主义精神的一种衍生，如各种几何造型的雕塑体非常具有创造性。成功的城市雕塑能够在城市广场和街道的核心位置起到地标性的作用，并成为一种有机的景观设计。

(二) 城市雕塑中的功能主义

城市雕塑题材需体现多样性，由于城市功能分区的不同，所布置的雕塑也应该有所不同。比如城市入城口、城市中心区、城市出城口布置的雕塑应该各不相同，通过对整个城市的历史文化挖掘，设计出各种风格迥异、形式多样的雕塑，这样方可丰富城市景观。因此在城市雕塑设计中应首先考虑到雕塑的陈设，同时顾及题材的多样性，既要有反映城市精英文化的古典或现代雕塑艺术作品，也要有符合大众潮流的现实生活雕塑作品，总之，只要雕塑艺术品能够和环境交相辉映，都可以不拘一格，大胆使用。这样才能让城市景观雕塑发挥应有的意义，其作品才能更好地融入自然和社会中。

在城市景观中的雕塑设计中，需要将雕塑的精神象征性与艺术多样性相统一，因时因地的进行艺术创造，并深入挖掘其内在的文化内涵，从而为美化城市作出贡献。

第五节　现代景观设计中艺术形式的具体表现

从传统园林形式发展而来的现代景观形式，在各种社会文化艺术设计思潮影响下，呈现出别开生面、精彩纷呈的整体景象。为了更透彻地认识现代景观本体的形态特征，下面从景观空间、景观实体、景观材料和景观文化几方面进行深入剖析，将景观艺术表现形式的研究建立在实证的基础之上。

一、景观物质空间的表现形式

景观空间是景观形式的空间和土地载体富于想象力的构思，无论作品的目标、性质和类型如何，最终都会以一定的形式呈现并落实。与景观设计形式相关并有意义的是景观空间的体验与认知、景观空间的构成及特性、景观空间的构图模式及组织。

（一）景观空间的体验与认知

景观空间、城市空间及建筑空间有着千丝万缕的联系，景观空间既是城市空间的重要内容，也是建筑空间的延伸，它们都属外部空间。不同的是景观空间还涉及宏观尺度的区域和大地景观，与城市空间和建筑空间相距甚远。外部空间是对自然的限定开始的，其形成方式主要有自然产生和人工设计两种。自然山水、高山峡谷、河湖百川，形成的自然风景空间形态变化丰富。从景观设计的角度来看，外部空间是由人设定的有目标且有意义的空间环境，与人的需求和功能密切相关。

人们通过感官体验和感知景观空间。宏大与亲切、明亮与暗淡、柔和与刚性，这种种不同的体验具有强烈的存在感觉。景观空间的形态与功能是相互关联的。空间形态为功能服务，同时功能也造就了空间形态。现代景观设计的功能体现在面向城市丰富多彩的生活。比如居住社区功能所营造的景观空间，其形式应该是安静而简洁的，布置满足居民生活所需的活动场地、休息座椅和灯具等。儿童活动场地的空间形态应该是活泼生动的，可以布置造型夸张色彩丰富的玩具和活动器械，让儿童在游戏过程中充分发挥想象力，快乐地玩耍嬉戏。城市广场是社会人群交流聚居的公共场所，其空间形态多与周边建筑发生联系，强调公众使用和规整秩序；为满足大量过往和休憩的人流，广场上放置较多的休息座椅和垃圾桶，包括满足光照度要求的灯具；为支持公众全天候地使用，会采用较多的硬质铺装，绿化多以阵列式大树为主，配合灌木和草地；广场上还可布置一个或多个地标性雕塑、水景和公共艺术品，表现城市的形象和文化内涵，服务于不同功能的景观空间是景观形式产生的内在依据。

除了满足使用需求和功能，景观设计的空间还要具备一定的形式感，具有丰富的样式、内涵和吸引力，传递一种能够超越物质空间形态的情感。人们过往的经历常常会给人们留下刻骨铭心的记忆，人们往往被印象中的场所吸引、欣赏、喜爱、流连忘返，直至产生对某一空间的依恋感，一种心理上的归属感，即景观设计所追求的独特的场所感。由此可以理解这种场所感和场所形式是密不可分的，它唤起人们独特的经历和头脑深处的记忆，或与一段人生经历形成交集，传递了对家园的怀念和追忆。

（二）景观空间的构成及特性

景观空间的形成离不开建筑、植物、水体、地形等物质要素，景观空间限定可以是二维平面的，平面材料的异质感造成了景观空间的水平限定，如城市中的广场、广场中的水池、道路边侧的草地，包括台阶或坡地等地面标高的变化。但景观空间的形成更多地是依赖于垂直围合，建筑矮墙、乔灌木、地形等都能的围合空间，营造大小，明暗、不同形状、色彩、质感的空间形态。除了水平限定和垂直围合，形成空间的另一有力手段是顶部覆盖。在外部空间可采用屋顶形成遮风避雨的亭廊，还可采用棚架结构遮阴，尤其是高大的落叶乔木具有夏荫冬阳的特点。成功的作品将这些物质元素在空间设计的指引下塑造了千姿百态的造型，形成结构清晰的景观艺术形式。

不同的空间构成的方法手段使景观空间具有不同的特性，这些特性包括内向和外向、比例和尺度、层次和景深、动态视景和序列等。

1. 内向与外向

内向和外向是两种不同类型的外部空间，由于边界作用形成的内向空间是按照人的意图创造的有目的、有功能意义的空间环境。景观布局的内向、外向同自然环境、空间结构及视线条件有关。内向的视线是向心的、内敛的，适于小尺度景观，外向的视线是离心的、扩散的，适于大尺度景观。传统宅园多为内向空间的布局，如中国古代的四合院等。

在很多传统城市空间和园林布局中，空间围合是不完全的，既有明确的建筑、墙体或敞廊的边界，又因环境条件——地形的高下、水面的开阔等造成视线的外延和渗透。这种空间是内向和外向复合型的，既有向心的内部秩序，又可贯通内外视线，借取外部景观；将内部景观与周边环境结合，可以使景观空间更加深远，景物更富有层次。

2. 比例与尺度

比例是使构图中的部分与部分、部分与整体之间产生联系的手段，它贯穿于景观空间设计之中。空间的大小与比例的数量关系是景观空间的重要属性之一，也会对空间特性产生影响，传递了对空间的不同感受，或宏伟壮丽，或亲切宜人等。

尺度则是景观空间营造的前提。一般而言，在小尺度的景观空间中，人的步距和手臂伸展范围决定了该空间的大小。在中尺度的景观空间中，由许多人参与的场地面积决定了该空间的范围；在大尺度的景观空间中，人们的视线所及的范围则决定了该空间的视域和场域。

在城市环境中，以建筑为主体围合空间比较普遍，空间的大小尺度与周边建筑的高度存在着一定的比例关系。通常，景观空间与主要建筑的高度保持一定比例时，视觉关系比较和谐，无论在城市还是乡村环境，在景观设计中都强调用树木围合空间，树木的高度是有限的，与人的尺度最为相近，形成的外部空间比较亲切宜人。

3. 层次与景深

空间层次是外部空间设计需要考虑的重要因素之一。层次可增加景观空间的画面感和深远感，因而关系到视觉空间的丰富性。为在有限的空间内创造出景深不尽的感觉，空间结构布局尤为重要。在传统园林中，山石、水景亭榭、树木等景物的布置都有助于形成空间的层次感，尤其是借取远景能增加园林空间的层次和景深。

景观空间大多是复合空间，空间层次与整体布局类型有密切关系：两种空间布局类型都与空间层次相关，水平展开的开周风景和狭长透视的纵深风景。水平开敞的空间和视线造成开阔的视野，如湖海之滨或草坪广场，湖中设岛或架桥能使水面空间层次更加丰富，达到"风景如画"的优美境界。狭长纵深布局和视线方向有利于创造丰富的空间层次，具有强烈的透视感，有着步移景异、渐次展开、引人入胜的魅力。

4. 动态视景和序列

动态视景即当人的视点移动时，看到的景物和空间的改变，从而获得与先前不同的视觉印象。中国明代造园家计成将这种现象概括为"步移景异"，说明了对环境的体验是一个包含运动和时间的动态过程。

空间序列是指动态行进时感受的外部空间切换变化和次第关系，对空间关系的体验比单一空间更加丰富多变。序列强调运动知觉，与整体布局结构有关，如区域的划分和形成、路径的设置和引导等。现代景观空间大多是复合型空间，即由若干单元空间组成的不同的分区，满足不同使用群体和功能的需求。这些相邻空间的次第关系形成了空间的序列。从动态视景的角度看，景观空间的丰富变化主要来自空间序列的体验。

无论景观空间具有什么特性，采用什么手法处理空间，空间体验的存在都是最重要的。单一空间形态多样的特性及视景空间序列的组织，都为景观空间的丰富多样的产生提供了基本空间框架。

（三）景观空间的构图模式

现代景观设计在平面构图上有别于传统的轴线引导或对称布置的手法，大量运用各种几何形状，矩形、圆形、椭圆、三角形、扇面及不规则形等；线条表现简洁有力，除直线外，曲线、波浪线、螺旋线也很普遍；各种形与线组合，上下穿插，形成非对称构图，达到动态均衡。或采用与建筑城市形体呼应的几何形状的规整式排列，在规整中求变化；方格网、对角线和点阵排列构成现代景观构图的重要特征。与此同时，传统构图模式更强调了环境类型和性质。景观空间的复合性特征反映在空间整体构图，即空间组织的形态结构，古今中外现存的大量的景观空间构图形态可以大体概括为以下几种主要的构图模式。

1. 规整式构图

在现代景观设计中规整式构图并没有过时，在大型公共空间或纪念性空间都可看到规整式构图的影子。如南京雨花台烈士陵园核心景区就采用了中轴对称的手法，把纪念雕塑群、纪念碑、纪念堂放在一条南北轴线上，配合绿化、水景、雕塑、建筑表现了庄严和肃穆的环境氛围。运用轴线建立空间秩序至关重要，通过轴线组织空间是大尺度城市空间，也是景观空间设计的重要手法。

中轴线两侧的布置不总是对称的，从功能环境出发造成一定的变化，可避免单调和呆板。北京奥运会场馆坐落在一条已有 600 年历史，全长 7.8 公里（1 公里＝1 千米）的北京城中轴线上，自钟鼓楼向北延伸，贯穿整个场地，止于森林公园的仰山。水立方与鸟巢分别列于北京城市中轴线北段的两侧，在满足功能的同时达到了视觉上的均衡，实现了传统城市空间和现代景观空间的延续和转换。

2. 自然有机式

在现代景观设计中自然有机式构图成为对抗规整式构图的重要选

择，但自然有机式并不一定适合所有的场地环境，如城市环境背景下的公共空间，自然式景观往往缺少清晰可辨的环境意象，与道路建筑和城市空间匹配的常常是直线图形。

然而对远离城市的郊野公园或海滨，自然式可能是最合适的考量，较低的场地整理费用、当地风景保护的需要、休闲的户外活动项目，如骑马、游泳，舒缓悠然的环境氛围，可能没有比这更合适的设计形式。当代生态与可持续理念已形成普遍的社会思潮，将景观设计的自然有机的构图模式上升到一种新的认知高度，保持河流河道弯曲的形态，精心保护自然植被群落，城市环境中追求野草足下之美，使自然有机审美成为一种广泛流行的观念。

3. 几何图形式

运用几何图形式是建立空间秩序意图的有力表现，圆、方主体的形式运用古已有之，在建筑和城市空间中十分普遍。现代景观设计除了继续沿用传统的中规中矩的方、圆几何形体组合外，几何图形的变体更加大胆和多样。从早期的三角形庭院到肾脏形状的游泳池，从螺旋线的地形到圆锥体的场地，斜线穿插、弧线扭曲，构成不规则的、破碎的几何形状。带有抽象意味的形与线的组合使几何图形变得异常丰富复杂，令人目不暇接，超越了传统几何图形纯净、简洁的形式。

4. 格网式

格网式景观的空间由于方格边界的节点具有无限扩展的特点，单一的纯空间可自由、多向地复制，形成无尽头的水平透视效果。无论从哪个方向扩展都是单一、匀质、各向同性的，表达和象征信息时代的民众与权利的平均主义诉求。格网的景观空间如与建筑空间同构，会使场所空间富有逻辑性和普遍性特点。

景观空间的构图模式是对千百年来设计形式的概括和提炼，作为影响设计思维的意识形态，构图模式语言一旦形成，往往便具有很强的生命力，无论是传统模式还是现代模式，它们对现代景观设计的影响都是巨大的。在景观设计创作中,构图形式看起来是一种主观的选择,但实际上构图形式与场地环境特征、设计功能目标和地域文脉有十分密切的联系。视觉形式在很大程度上取决于这些客观因素,如何更好地理解形式选择的约束和限制条件,在主观意图和客观因素之间寻求一种平衡,是景观设计的关键所在。

二、景观物质实体的表现形式

景观设计是在一种三维的物质空间里进行的,景观空间是通过山石、水体、植物等自然材料和建筑、道路及构筑物、小品等人工材料塑造的。在景观设计中,上述景观实体物质要素更直接和更易于感知,所有物质实体要素都有鲜明的形象,占据一定的空间位置,传达特别的功能及文化含义。景观造园艺术是一种整体空间艺术,不仅空间构图的组织变化井然有序,而且各物质实体要素都能各安其位、和谐一体、相得益彰、发挥不同的视觉影响和作用。在景观空间中,艺术形式也需通过物质要素具体表现。其中,地形、山石、建筑和构筑等属硬质景观、水体和植物等属软质景观,它们被认为是构成景观环境最主要的物质实体素材,发挥着各自不能取代的功能和作用。

(一)景观物质实体与空间的关系

景观物质实体在构成整体艺术形式"空间+实体"的表现中发挥着各种不同的影响和作用。它们不只是物质的"存在"和物质的"构成",更重要的是它们在空间构图和结构中承担着不同的"角色",共同构成景观意象。这些实体要素,包括地形、水体、植物、建筑等,可以限定和围合空间,形成空间边界;可以划分不同的功能区,赋予鲜明的景区特色;可以通过不同的道路线形和走向,引导视觉景观的变化;可以强化空间节点和焦点表现,增添景观艺术的魅力。

1. 限定和围合空间,形成边界

造景四大要素都可以用来限定和围合空间,形成边界。空间感的产

生是由地平面、垂直面及顶面单独或共同组合，形成具有实在或暗示性的空间范围围合。地形可自然地划分空间，大到山体、小到土堆、地形能限制空间的边缘，制约空间的走向。利用地形的高低差还可阻隔和控制视线，可形成空间序列或连续观赏视景。水体的运用主要是通过水平限定的方式形成空间；一些特殊的水景，如瀑布、喷泉可以形成空间的垂直界面，丰富空间的质感。借助植物材料可以营造许多不同类型、不同特色的空间，植物分隔空间可形成一扇扇门或墙，引导人们进出穿越；可以改变空间的地平面或顶平面，有选择地引导或阻止视线，创造出丰富多变的空间序列；使景观空间富有层次，不同的植物交替出现，造成戏剧性的"欲扬先抑"或"移步换景"的视景序列效果。

2. 形成不同的功能区和景区

山体和水面存在的本身就具有功能区和景区的划分意义和效果，可将空间划分为不同功能，不同尺寸和不同景色的区域，如山区和湖区是一种最简单的区域划分。植物不仅在大尺度空间内可形成区域特色，如蜀南竹海、井冈山杜鹃花景区等，而且可在中小尺度景观空间中形成不同的功能区，如疏林草地区、游戏草坪区或林下休憩区；也可形成不同景园或景区，如牡丹园、月季园、薰衣草或油菜花田等。

3. 道路线形和走向

道路不仅是连通景区景点的交通线路，承载着特定运动功能，而且是一种视觉廊道，沿道路两侧各异的风景和路段特色，如滨水道路和延山道路，行道树勾勒出道路线形，不同树种的行道树表现出不同区段道路的环境特色，如北京西路的银杏树、北京东路的樱花夹道和中山林园遮天蔽日的法桐拱廊。各种树木、花草的精心配置，山石、花和绿地的巧妙组合可以形成景观道路的变化韵律，渲染和加强景观道路的艺术表现力，极大地丰富城市景观的空间构图和立体轮廓，创造良好的景观视觉效果。

4. 节点与焦点

在景观空间结构中，道路节点是构成环境意象的重要元素，道路节点的空间形态有丁字形、十字形及环形等。节点是指人们逗留和观察周围环境的位置，给人留下鲜明的环境意象。出入口包括广场等节点都是景观设计的重点，节点景观的构成要素包括建筑、绿化、雕塑等；具体设计手法包括建筑物的适度后退，形成小广场或逗留空间，布置雕塑或喷泉水景，采用孤植或丛植的种植形态，具备宜人且吸引人的细节设计。

（二）现代景观物质实体的表现形式

1．地形

地形即地表的外观，在地区景观构成中起着重要的作用。地形直接与多种环境因素形成联系，影响空间的构成和视觉感受，影响区域的美学差异和特征，影响排水、气候和土地的使用，影响景观中其他自然和人工设计要素，影响植物、水体、建筑等形态与功能。地形是构成景观空间的基本结构因素之一，决定着该地区的空间轮廓和外部形态，如同建筑物的框架或动物的骨架；地形有助于空间秩序的建立，而其他因素被看作是叠加在这框架表面的覆盖物。

地形不仅是景观空间的骨架和基底，也是构成景观艺术形式表现的主体。土壤在大多数情况下是可塑的，能塑造成具有美学表现力的形体和空间。常见的如地表上用土壤做成圆锥、方锥、圆环、圆台等精确规则的几何形体。这些抽象的造型在自然环境中非常突出，以特殊的视觉趣味吸引人们的视线。地形自身也可以在高差的变化中营造出不同景观中所特有的氛围。

2．水体

自然界的水体有各种形式——江河、溪流、瀑布、泉涌、湖泊海洋，池塘等，形态丰富而多样。

景观设计中的水景设计建立在师法自然的基础上，形式多样且独具创新，可概括为两种基本形式，即静态水和动态水。

静态水指平静的、不流动的水，自然原型有水塘、湖泊和流动缓慢的河流，给人宁静、轻松、温和的感觉，有助于安神、稳定情绪，中国古典园林的水体以静态为主。

动态水指具有动态、活力的水，自然原型有溪流、瀑布、跌水、喷泉等，形式变化丰富，令人兴奋、激动，加上水声，有很强的吸引力。无锡寄畅园的水景动静结合、富于特色。

3. 植物

在城市外部空间环境中，植物是特有的且不可缺少的设计素材。在很多情况下，可以没有水体或山石甚至建筑，但是不能没有植物。植物是构成城市绿地的主体，自然山体、水体和植被也能形成开放空间的绿色特征，是城市生态系统的承载空间。

植物因为具有生命，能使环境充满生机和美感；在景观设计的形式塑造中，植物可以改变硬质、灰暗、枯燥的景观环境，带来自然、活力、舒畅和赏心悦目的感觉。植物与生硬的建筑形体、轮廓形成对比，视觉上更显柔美、活泼，使环境丰富多变、生机勃勃。

4. 雕塑

雕塑与景观有着密切的关系，雕塑一直作为园林中的装饰物而存在。建筑师、景观设计师逐步认识到，雕塑的构成会给新的城市空间和园林提供一个很合适的装饰，自此雕塑作品走出了美术馆，成为城市的景观。

景观设计师的主要任务是根据景观环境的整体情况对放置、基本形态、主题、材料、尺度、风格等提出构想和要求，使雕塑为环境添彩，又十分贴切地融于环境中。

(三) 景观物质实体的文化表达

1. 时代印记

景观物质实体所具有的特定形式传递了不同时代背景下的文化意义，古典主义造园中常常出现金碧辉煌的建筑实体，在一些经典造园景观设计作品中，这些痕迹和印记是如此鲜明，令人一眼便可以辨识出它们所留下的时代痕迹，如中国皇家园林建筑精雕细琢和皇家宫殿建筑是一脉相承的，古典文人园空间和植物传递了旧时文人超然淡薄的情怀。

2. 地域风格

景观物质实体形式在地域风格上的差异不仅表现在建筑中，在植物的栽植上也有很大区别，我国的植物实体设计重视文化内涵的表达，在物质实体的形式上追求与地域文化的适配，如北京奥林匹克公园的山顶上，设计师通过布置造型优美的石头，并与松树相互搭配，共同营造出现代中国的气质和精神风貌。

3. 功能类型

针对景观设计自身不同的使用和服务对象，其形式表现也有很大差别，如纪念性景观的庄严，在物质实体的表现上就应采用单一肃穆的雕塑配合简单的植物栽植；娱乐性景观的喧闹，在物质实体上就应采用多变轻快的地形和色彩艳丽的植物；居住环境的亲切温馨，在物质实体上就需配合宜人的水体和能够庇荫的植物；工作环境的明快简洁，需在建筑环境的中心地带，结合具有生机的植物和静态水景的平缓来缓解工作的压力。它们之间的形式差异是可识别且显而易见的。因此，强调不同功能类型的物质实体选择是寻求景观设计形式所必须考虑的要素。

三、景观材料的表现形式

现代景观设计是在一定的地域内运用艺术和工程建造技术，通过改造地形（或进一步筑山、叠石、理水）、种植树木花草、营造建筑和设置园路等途径创造而成的自然环境和游憩境域。从这点上讲，自然或人工的资源只要能应用于景观设计中的皆可算是景观材料。随着现代工程技术的迅猛发展，我国景观设计中可选之材也如雨后春笋般层出不穷，塑造了多样的园林景观，极大地丰富了现代景观设计的形式和内容，促进了现代景观设计理念的发展。对材料的合理运用和选择，直接反映了现代景观设计和建造的水平，影响了景观建设的质量。

（一）现代景观材料的创新

随着景观材料的不断发展，新生代的设计师也对传统的景观概念提出了挑战。他们以塑料、金属、玻璃、合成纤维及其他令人意想不到的材料为基础，结合现代技术，打破了以往景观设计的常规。他们的作品以令人激动、充满活力的新方式，为传统的景观设计概念增添了一些新含义。在这类景观中，大多采用新材料和新的施工方法，有些是即时性的，有些则是实验性的，但它们都立于景观设计的前沿，既令人震惊，又发人深思，充满趣味。

任何艺术的魅力在于变化而没有固定的模式。随着材料的发展，景观设计的形式也不断变化，各种新型材料的运用也在某种意义上重新定义了景观的概念。同样，对常规材料非常规的使用方法也使景观设计的形式充满了不同的表达方式。在现代的一些设计中，景观更多的是带给观者自然的感受，使人们需要保持一颗自然的心灵去体验去品味。所以，如果景观设计要取得进步，就必须以开放的形式运用材料，只有这样才能不断丰富人们的设计思路。也只有以更包容的姿态对待身边的材料，把功能的解决与艺术形态完美地结合起来，才会创造出优秀的景观。

（二）现代景观材料运用手法的丰富性

1. 空间营造中的运用手法

变化的空间营造可首先利用景观材料本身的光学特性。在设施营造中，运用反光度与明亮度较高的金属材料，一般是经过电镀的不锈钢材料，使人们产生视觉上的错觉，制造出镜面中的反转空间，镜面中的景象随着人流与光线的不同而发生变化，使空间呈现出不同的视觉特征，营造出富有变化与趣味的空间感觉。

同时，运用景观材料轻便的特性。通过拆卸移动，在城市景观的局部空间营造中增加一个"变量"的空间因素，尤其是在已经建成的城市景观中，这种方法的运用能够改善原有空间布局，根据不同的功能要求对空间进行限定性划分。而且设施的视觉特征可以根据景观氛围的要求，在事先进行设计、营造空间的同时，对景观氛围进行调节，为城市景观增添视觉感染力及人流聚焦的空间节点。

2. 氛围营造中的运用手法

利用融合这一概念缩小地域文化间的差异性，这种运用方法意在通过景观材料中传统与新型材料的错位运用，体现传统的文化理念，保证地域文化的延续，达到景观材料运用与周边区域文化氛围的协调。采用独具地方特色的材料与建造方式相结合，使得城市景观对周边居民有着很强的可亲性，增加城市景观的认同感，使得传统文化得以延续。通过这种方法能够营造出很好的地域文化氛围及时代特色。

这种融合主要体现为两种形式，一种指运用景观材料对传统文化元素进行模仿，具体来说就是构成文化元素的传统材料由科技改造后的新型景观材料替代；另外一种指通过运用地域性材料达到新的视觉体验，这类地域性材料原本的功能与应用形式可能是在建筑方面或者生活中的其他方面，但是随着历史的发展，很多的建筑与文化用品已经逐渐消失，这种运用形式就是将已经成为文化符号的地域性材料运用到景观中，使文化保持一种延续性。

(三) 现代景观材料运用的环境差异

1. 地域差异

由于古代在运输和采购方面的限制，因此铺装多就地取材，这使得不同的区域在材料方面差别较大，各具特色。同时，由于古代没有机器生产和加工材料的技术，基本采用手工铺砌，虽然也讲究严丝合缝，直线对齐及图案工整等施工原则，但更多的是一种乡土的、自然的、不规则的感觉。另外，在一些铺装的重点部位，还设计了一些具有象征意义的图案，有的象征吉祥平安，有的隐喻信仰，有的体现文人情趣，这些都有着很强的民族文化特色。因此，铺装不仅具有供人们行走的实用性功能，而且可以美化装饰园林路径。

2. 场地环境差异

在景观材料的使用上，场地差异起到了直接的影响。如城市环境是高度的人造环境，高楼、高密度、高容积率造成环境气候的变化，日照不足、空气、水体和土壤污染使城市环境恶化。营造舒适宜人的景观环境是现代景观设计的目标，所以在材料的选择上主要选择易于清理和大体量的景观材料，形式上多以规整式为主。而乡村的自然环境大大优于城市，乡村景观建设应充分认识环境优势，提升乡村环境品质的关键，包括保留清澈的河流湖泊，保护苍翠的山林景象，保住传统的民居村落。塑造新农村的景观形象，所以在景观材料的选择上多采用自然材料，师法自然，材料形式多以自然式为主。

四、景观文化的表现形式

在世界不断发展的今天，设计开始迅速向文化和艺术靠拢，追求更多的人文性的内容，强调一种人文内涵，因此设计被作为一种艺术形式出现。

景观作为人类所使用的空间，也是文化的凝聚地与承载点之一。由于人们依赖于其生活环境获得日常生活的物质资料和精神寄托，他们关于环境的认识和理解是场所经验的有机衍生和积淀，所以设计应考虑当地人文和其文化传统给予的启示。因此在景观的规划设计中要认识到地域文化特征对于人们树立高尚情操培育的重要性。

现代景观设计不单单只停留在材料、构图空间秩序的视觉表达上，而是给予了比表象更多的文化和意义。通过实体和空间传递一种能够叩击心弦、令人留下久久的回味和记忆，是景观艺术形式进入人的内心世界并达到精神层面的终极追求。文化与意义的主题也是多元的，纪念逝去的事件和人物，历史与现今的时空变换，社区、族群、地区和国家的精神等，景观设计的精要在于如何在物质空间与文化意义之间建立一种独特的联系。

第二章　公共艺术设计综述

第一节　公共艺术设计的理论准备

一、市民社会与公共领域理论

根据公共艺术专业理论的培养要求，市民社会与公共领域理论应作为公共艺术设计学科建构的重要理论基础之一。市民社会与公共领域理论将帮助人们由表及里地对公共艺术有更深刻的理解和判断，对开展我国本土化公共艺术创作实践具有很高的借鉴价值和指导意义。

杨仁忠先生的《公共领域论》将公共领域从市民社会语境中提取出来进行研究，对公共领域的生成发展、理论特征、运行机制及中国意义等问题展开了详细的梳理和分析。书中对公共领域及其概念进行界定，并在不同语境下探讨了公共领域及其理论的时代价值。因此，该书可作为公共艺术专业研究公共领域理论的重要读本之一。

二、当代艺术理论

当代艺术与公共艺术的概念定义都具有集合性的特征，如雕塑、绘画、装置、摄影、影像、广告、设计等都可以被当代艺术与公共艺术作为载体在公共空间呈现，两者都有向社会发声的创作意愿。尽管当代艺术多在展馆内展出，是一种强调艺术家个体艺术观念的先锋艺术类型，公共艺术则多在城市户外空间呈现，是一种强调大众群体接受的共享艺术类型，但无论是在展馆还是城市户外空间出现，其承载的场地都具有不同程度的空间开放性。可以这么说，两者之间的边线界定有时并不那么清晰，甚至由于相互影响，两种艺术范畴逐渐显现出相偕共生、相互交叉、和而不同的关系。

近年来，随着多元文化的引入和当代艺术的兴起发展，大众开始接触到并尝试接受更多类型的公共艺术作品。一些公共艺术作品也呈现出形式独特、观念前卫的当代意味。很多时候，一件好的公共艺术作品同样也是一件优秀的当代艺术作品。

近年来，中国本土当代艺术家的创作越来越多地介入城市中更加开放的公共空间，艺术家们将自身对于社会的思考与关注转化为先锋性的作品，以实验性的方式向民众和社会发声，当代艺术与公共艺术之间也出现了更多的交集。因此，研究本土当代艺术的发展历程与面貌，将当代艺术创作的理念与公共艺术创作进行有效的结合，对本土化公共艺术设计与创作有着重要的指导意义。

鲁虹教授撰写的《中国当代艺术 30 年（1978—2008）》一书可以被看作是该部分理论的重要基础之一。首先，作者通过梳理大量的中国当代艺术作品，以图文并茂的方式讲述了改革开放多年以来本土当代艺术的发展历程，对不同年代出生的艺术家、作品及其艺术创作上的特征与差别展开思考分析，并对年轻一辈的艺术家创作出的具有文化性、民族性、本土性、时代性的艺术作品提出了殷切期盼。该书不仅仅是一本介绍和展示中国当代艺术的著作，还透过对现象的分析，为学生提供了一种艺术思考方法与创作方向上的指引。

三、大众文化理论

大众文化是在一个特定范畴下所探讨的，兴起于当代都市中，与工业化进程、城市建设、市民生活、地域文脉、民俗历史、商业消费等领域密切关联的，由普通大众的行为、认知的方式及态度的惯性等所呈现出的一种文化形态。

对于从事公共艺术设计与研究的人员来说，若能从大众文化的本体内涵、传播形式、社会效应、精神诉求与受众心理等多方面获取足够的专业知识，无疑能对公共艺术设计如何与社会、城市、受众进行精准对接提供帮助。根据公共艺术设计专业的理论培养要求，人们认为，大众文化的理论基础可以从大众文化本体理论、大众文化媒介与传播理论、受众分析理论等几方面进行建构。

（一）大众文化本体理论

大众文化本体理论是从宏观的角度研究大众文化的概念、历史、发展、现象和社会意义的理论。

复旦大学陆扬教授所撰写的《大众文化理论》一书介绍了大众文化的历史由来，并着力分析了大众文化在中国本土的传播接受与模式变迁，对于如何将大众文化应用于本土公共艺术设计与创作具有一定的参考意义。

（二）大众文化媒介与传播理论

公共艺术创作者应全面了解大众文化的媒介类型与传播方式，只有进一步地学习大众文化传播学的相关知识，才能充分地运用好大众文化传播的多种媒介，创作出具有广泛社会影响力的公共艺术作品。

李岩先生所撰写的《传播与文化》一书解析了全球化的当代现象以及大众文化传播的当代意义，它将为学生在设计与创作中，如何通过更好地融入大众文化进而拓展艺术的传播效应提供更宏观的思考模式。

（三）受众分析理论

公共艺术作为一种当代艺术的方式，它的观念和方法首先是社会学的，其次才是艺术学的，因此，公共艺术的创作者应学会换位思考，站在大众的视角创作出大众所喜爱的艺术作品。因此，研究与分析受众的心理与需求将有利于公共艺术创作的概念输出，建立起与大众之间的精神联系。

第二节　公共艺术设计的类型与形式

一、建筑物装饰

在漫长的艺术发展历程中，艺术（如壁画、浮雕、雕塑和工艺品等）与建筑紧密结合，这些艺术形式或依附于建筑形体与空间，或以独立的样式呈现，既与建筑物形成有机的整体，又凸显独特的艺术魅力。不但强化了建筑的主题特性、实用功能和审美意义，更实现了人类物化居住和精神性表现的统一。

建筑之所以被称为艺术，被视为一种文化，与建筑装饰的参与有很大的关联。建筑装饰作为一种特有的艺术语言和符号参与建筑的总体构思与特定空间场域的构建，使建筑更具文化气息、审美意义与时代价值。

如今，随着人们的审美水平与精神追求的不断提升，当代建筑的艺术表现与空间营造越来越被人们看重，一些外形独特与装饰手法新颖的建筑被视为城市气质与社会文明的综合标志。

（一）建筑物壁画

壁画作为最古老的绘画形式之一，常依附于建筑物的天顶及立面，其丰富的修饰与美化功能，使它成为建筑与环境艺术中重要的组成部分。

在公共艺术蓬勃发展的当下，建筑壁画更是以城市壁画的概念出现在写字楼、住宅、机场、地铁、车站、餐厅等各色主题性建筑空间以及城市中的任何角落。由于壁画的选题和风格受到特定建筑与环境的限制，所以不同的空间要求运用不同题材与形式的壁画进行装饰。当代建筑壁画可运用的材料形式多样，包括油漆、马赛克、玻璃、陶瓷、铁线和织物等；创作的方式更是包括手绘、喷漆、镶嵌、拼贴和编织等。当代建筑壁画除了传统装饰与美化功能外，还肩负着社区改造、公共文化传播、记录城市发展等多重功能。它们不但以激活空间的方式美化了城市，还为人与环境、人与人之间的对话提供了无限的可能。

（二）建筑物雕塑

雕塑与建筑自古以来就有着广泛而深刻的联系，雕塑也素有"建筑之花"的美称。雕塑装饰着建筑，传达着建筑物内在的历史文化内涵和精神气质。

传统的建筑物雕塑是指建筑物本体构件与建筑物围合空间内的所有雕塑形式，包括圆雕、浮雕（高浮雕、浅浮雕和线刻等）。其制作材料包括石材、木材、金属（铜、铁、不锈钢等）、石膏和树脂等；加工工艺包括翻模、敲凿、铸造和锻打等。

随着现代建筑简约风格的发展和人们审美能力的提高，当代建筑物雕塑的题材与表现形式日趋宽泛。雕塑与建筑的结合将生成现代感极强的视觉实体与充满生机活力的公共交往空间，并作为城市新形象展现出其独有的当代存在价值。

二、公共雕塑

雕塑作为一门传统的立体造型艺术，以物质性的实体探讨着形体与空间、环境、大众之间的关系，在艺术的发展中占据着非常重要的地位。回望历史，无论是肖像还是雕塑，都体现了不同时代的精神与某种意义上的公共性，而雕塑的经典之作多以公开的姿态展现在公众的视野当中。

尽管雕塑放置于公共空间，用以表现某种内容的实例由来已久，但"公共雕塑"却是一个全新且具有当代意义的概念，其含义更加宽泛，已经超出了传统意义上的雕塑范畴。作为公共艺术中最为主要的表现形式之一，公共雕塑的发展为公共艺术创作提供了更多的可能性。

人们认为，公共雕塑是在城市公共空间中建立的，可供公众欣赏、交流、参与、互动的广泛的当代雕塑形式。公共雕塑在积极探索造型美学、空间构造与技术风格的同时，更强调雕塑的当代都市功能与社会意义。它在一定程度上契合、满足公众的精神诉求，是一种普世态度和人文思想的表达。艺术家们期望通过公共雕塑激活城市空间、美化城市环境，同时能够塑造公众的集体意识，引领大众的思考，进而推动社会的进步。

由于公共雕塑的创作与所处的特定场所空间、多元化的社会文化背景息息相关，这里将围绕纪念性、主题标志性、装饰趣味性和观念性等几大公共雕塑类型进行阐述，旨在为读者理解公共雕塑现状建立一条有效的途径，进一步为今后的设计、创作与实践奠定基础。

纪念性公共雕塑是指通过雕塑艺术的形式，对历史发展中具有重大社会意义与深远影响的事件、人物等主题进行主观记录、描述和塑造的公共雕塑作品。

纪念性雕塑以缅怀追思与歌功颂德为目的，常常通过造型尺度、材质的结合给人以崇高感、力量感与恒久感，进而使观赏者产生崇拜与敬畏的心理效应。因此，纪念性雕塑也成为最具时间跨度和社会影响力的公共艺术作品。纪念性雕塑是人类历史的集体记忆，它表现了专属于那个时代的社会文化和精神追求。

当代纪念性公共雕塑表现形式多样，从造型语言上划分，可分为具象写实与表现、抽象表达等；从形制类型上划分，可分为单体、群雕、纪念性艺术综合体等。当下，纪念性公共雕塑将被赋予更高的意义，它将作为最有社会意识代表性的一种艺术形式，继续承载人类的记忆与城市的精神。主题标志性公共雕塑是指城市公共空间中主题明确、标识性强烈的雕塑形式，它常常位于城市广场、主要街区、大型建筑物之间，是城市内在精神的最直观体现，它所反映的主题往往和城市精神、地域文化、人文历史等息息相关。

(一) 装饰趣味性公共雕塑

装饰趣味性公共雕塑是指一种与环境契合，注重审美愉悦与互动参与的雕塑艺术形式。常位于城市街区、公园、绿地等环境中，对美化城市环境、激活城市空间活力、提升人们的生活品质有着重要的意义。

装饰趣味性公共雕塑设置的目的在于让人们在轻松愉悦的氛围下，通过欣赏、参与、交流建立起积极向上的都市互动公共关系。

（二）观念性公共雕塑

观念性公共雕塑是一种先锋式的雕塑形式，是雕塑家将独具见解与个人语汇的雕塑作品放置于公共空间中，力图与大众建立更深刻对话的艺术方式。

观念性公共雕塑属于当代艺术创作的范畴，它在城市公共空间中的创作可能受到社会环境的制约，它的展示常会以短期或艺术计划的形式展开。从某种意义上说，好的观念性公共雕塑可以激发、引领大众的艺术思维与社会思考，并可以作为城市公共艺术的有力补充。

三、景观装置

景观装置设计与创作既可以艺术造景，做永久陈列；也可以应对城市庆典与公共艺术活动，做临时性展示。它实现了装置艺术由展馆走向城市，由静态走向动态，由三维走向多维，由传统走向现代的全新交流模式，使观者在观赏中参与互动，甚至不自觉地成为作品的一部分。它跨越了艺术与设计的界限，增强了建筑、景观与城市之间的联系，是城市新形象的重要艺术表达。

如何通过景观装置这种兼具文化性、视觉性、空间性和多变性的艺术类型构建具有综合感知的公共空间，将艺术带入生活是非常当代性的命题。

（一）传统媒介景观装置

传统的装置艺术是以对现成品的利用、拆解、加工和重组为主要特征的，当代城市景观装置创作在沿用这种创作理念的同时，进一步突破尺寸、材料、技术和功能的限制，更加自由地运用现成品或传统媒介

（木、石、钢、玻璃、塑料等）进行集合创作。

（二）新媒介景观装置

新媒介景观装置主要是指运用声、光、电等新型媒介与数字化、虚拟化等电子软件技术相结合，在城市公共空间中创造出具有新颖视效、交互体验的空间装置作品。

四、公共设施

"公共设施"在英语中译为"Street Furniture"，有"街区家具"之意。如果将城市广场比作城市的客厅，将城市街区看成是城市的房间，那么"公共设施"则代表着客厅与房间中的"特色家具"或"主题陈设"。广义地说，公共设施一般指城市广场、街区、道路、公园、绿地、建筑等公共环境空间中，具备特定实用功能与艺术美感的人为构筑物。狭义地说，公共设施是包括休息、交通、照明、服务和娱乐等具有公共性与艺术性的城市设施。

在城市之中，街灯、路牌、垃圾箱、报刊亭、橱窗、候车亭、公共座椅这些看似平常的公共设施已经成为城市景观的重要组成部分。人们在使用这些公共设施的同时，能充分感受到设计者的功能考量与人文关怀，它们的存在成为大众日常生活与城市环境之间的有机连接。可以这么说，通过与人的和谐相处，城市空间因此变得更加怡人，从而加强了人与环境之间的沟通，促进了城市与人的共生关系，因此，城市公共设施的品质将直接关系到城市环境的整体质量。当代公共设施的设置除了强调设施本身的功能性与实用性之外，更加关注的是公共设施作为公共空间艺术构筑物的复合意义，其特征就是不断融入艺术性、人文性、科技性、实验性和互动性，使之与城市、公众之间产生多重的公共关系。当代公共设施既是地域文化的印迹与创造，更是公众审美、生活品位、城市风格和时代精神的综合表达。

（一）公共休息设施

公共休息设施一般是为了给人们提供休憩、停留、交往、游戏或观赏而设，主要包括桌、椅、凳、遮阳伞、凉亭等单体元素或多种复合形式的设施。当代公共休息设施无论是构思、造型、色彩、材质都有了全新的突破，作为一种精神符号，它完全融入大众的日常生活中。

（二）公共照明设施

公共照明设施是指用于各种场所、活动的夜间采光和环境装饰的照明灯具与设施，可分为装饰照明、道路照明和景观照明。公共照明设施具备情绪调节、空间塑造的能力，也能为大众营造出一种全新的空间感受。

当代公共照明设施很多时候构思奇妙，通常在满足了功能照明需求的同时，更加以一件独具创意的公共艺术作品的姿态在城市空间中展现。

（三）公共服务设施

公共服务设施是指电话亭、书报亭、垃圾箱、自动售卖机等为人们提供通信、卫生、便利和服务的公共设施，尽管大部分的公共服务设施体量小、占地少，设计师们仍能在这方寸之地上融入公众需求与创意元素，在美化环境的同时，提升人们的生活品质。

（四）其他公共设施

其他公共设施如指示牌、防护栏、公共娱乐设施等。总体来说，当代公共设施设计形式更加多元，艺术感与都市感更强。设计师力求有效地利用周边环境，努力做到改造有度、和谐统一。此外，当代公共设施设计不仅给人们的生活带来了便捷和舒适，更通过精心设计布置共享参与化的艺术空间，充分彰显了当代城市的文化特征与精神气质。

五、网络虚拟艺术

在若干年前，数字与虚拟的概念对于大多数人来说还是比较陌生的。但是，随着信息网络的日趋成熟，从人们的日常生活到社会应用都发生了翻天覆地的改变，时事资讯、网络购物、线上交友和娱乐消遣已经成为现代人生活的一部分，互联网几乎无所不在。

网络虚拟艺术将展厅置于网络虚拟空间，让更多的观众可以通过互联网浏览的便捷方式欣赏世界各地的作品或展览。它既不受时间的限制，也不受空间和地域的限制，身在地球任何角落的人们都能够观看和参与展览，真正践行了"永不落幕的展览"的核心理念。

网络虚拟艺术是一个基于"人机共生"关系而产生的虚拟世界，它融合了艺术、设计与科技，包含了"电脑数码艺术"与"虚拟艺术展览"等范畴。数字化与虚拟技术将协助艺术家进行创作和展示，同时，其独有的网络沉浸式交互体验与线上线下的综合互动方式对推进当代公共艺术的多样化发展与创新有着积极而又重大的意义。

（一）电脑数码艺术

电脑数码艺术属于网络虚拟艺术的创作阶段，其与传统艺术有所不同的是，利用电脑软件与数字化技术（如 3DMAX、MAYA、ZBRUSH、POTOSHOP 等）等创意进行建模、渲染与虚拟转换，其优势在于能够以较低的成本模拟构建逼真而又超前的艺术形象与场景空间，并且以一种人工智能的力量创造一种前所未有的艺术体验，它为设计提供了更多的可能性，其创作过程中的预判性、超验性、引领性、探索性也非常突出，是一种时尚的艺术形式。

（二）虚拟艺术展览

当下，不少当代艺术家利用网络虚拟艺术的优势，大胆地将许多不可能在美术馆实现的艺术设想转化为体验极致的数字化作品，并通过举办虚拟化的艺术展览的方式呈现。

网络虚拟艺术作品与大众之间的交流经由网络联系完成。透过线上展览和互动，可以吸引更多的年轻人关注和参与某个共同议题，有时，艺术家的网络作品由大众的网上参与共同完成。艺术家们将借助这个虚拟空间创作出更多别具一格的艺术作品，以更加迅捷的传播方式打造更为时尚的大众文化。

第三节 公共艺术设计的观念与呈现

公共艺术设计不仅是艺术设计范畴内的概念，也是公共文化范畴的概念。与通常人们所理解的"追求美"的艺术设计相比，它具有更复杂的语境，会受到空间形态、公众意识、委托方等诸多方面的限制和影响。因此，公共艺术的设计工作常常是设计师（艺术家）在综合理解公共观念、场所精神、大众审美、城市文化等各种影响因子之后的艺术化呈现。

一、公共观念

公共观念是公共艺术形成并能够持续发展的核心概念，当艺术家开始以创作者的身份出现，艺术才获得了自身的审美权力，也正是这个时候，艺术才开始了它的"现代化"进程。

公共艺术作为发生在公共空间中的艺术形式，它们常常是由企业发起或赞助建设的，这就决定了公共艺术创作与艺术家纯粹的个人创作在方法上有很大不同。

二、场所精神

"场所"和"场所精神"这两个建筑现象学中的核心概念极大地影响了后现代主义城市设计思潮，后者以"场所精神"为核心所追求的有个性的、有"认同感"的建筑规划方式，很大程度上符合了物质文明高度发达后人们重新寻求诗意生活的愿望，得到了众多建筑师和城市设计专家的支持。

"场所精神"是用来隐喻"场所"中深层次的、较难把握的特征的，诸如"气氛"和"情趣"等，而这种特征正是场所的独特魅力所在，它是一种总体气氛,让人们的意识和行动在参与过程中获得"方向感"和"认同感"。

从公共艺术的角度来看,作品放置的所有公共空间都是场所化的。美术馆是要将所有作品与它原本发生的生活世界隔离开来,将审美体验空间与日常体验空间隔离开来。而公共艺术却恰恰相反,它既要建构自身的观看空间,又要与公共空间中的日常生活相处,在这里审美体验和日常经验高度重合、共生。因此,在不同的场所,艺术作品的能量也就完全不同。

三、大众审美

大众文化的兴起是 20 世纪 60 年代以来一次重要的文化转型。在这次浪潮中,艺术开始更多地关注和参与现代生活、社会意识和大众文化。在这种背景下产生的公共艺术挑战了浪漫主义以来的天才艺术论的观念,公共艺术中的公共属性要求它需要面对公众并创作为公众所接受的艺术作品。还应充分考虑公共审美,并将其进行艺术转化,是公共艺术家或者设计师必备的创作能力。

艺术家们通过设计城市家具关注公共需求,本身就是对日常生活的善意和尊重。现在也有不少城市在座椅、公交站、灯具、停车位、指示牌甚至井盖上都进行了大量艺术化处理,从细微之处为大众的日常生活提供艺术体验。

四、城市文化

公共艺术设计既会将城市作为主要的创作场域,也会将城市文化作为创作和设计的基石。公共艺术需要体现城市生活动态,展现区域文化特征。

比如杭州的中山路改造项目,它以展现南宋旧都的御街风貌作为项目的价值核心,关于南宋御街的记忆链接的就是杭州这座城市独有的文人情怀和市井文化。中山路的改造是以更为艺术性的手法,将不同历史时期的御街生活切片凝固在此刻。游走在这里的人们,在看到江南灰砖黛瓦的传统建筑时，也会冷不丁地瞅见《四世同堂》中为普通市民塑造的生活群像；在感叹小桥流水的诗情画意时，也能记得这里还成立了中国的第一个居委会。在御街，历史不只是吊古怀旧，它糅杂着个人历史、市井生活，这一切都被以一种复杂的方式记录在这个城市里。

公共艺术设计除了应将城市记忆作为创作资源，将各种城市文化符号运用到创作和设计中。还应主动地将公共艺术项目与城市的发展和城市文化的再造联系起来。公共艺术不仅仅是反映已有的城市文化，它本身也是城市文化的组成部分，并参与塑造新的城市文化形象。城市文化在不同的历史时期会呈现出不同特点，人们现在所见到的城市文化形象其实就是过去人们活动、交流、创作的沉淀。

第三章 景观公共艺术设计基本理论

第一节 景观公共艺术的含义

公共艺术可以采用多种艺术形式进行表达，形式之间也可以相互组合贯通。在公共艺术中，雕塑和绘画两种艺术形式的表达最为普遍，而装置艺术、影像艺术、行为艺术、表演艺术也都可以作为公共艺术的表现形式。对公共艺术来说，公共价值观的表达完全重于形式本身。

景观公共艺术是公共艺术的一个组成部分，一般指公共空间中以景观样式出现的造型艺术作品，多表现在建筑、环境、雕塑、绘画、城市家具方面，属于空间环境艺术范畴。从对景观公共艺术的讲解中看到，景观公共艺术的概念更加倾向于公共艺术的狭义概念，其作用在于提升环境品质、营造生活情趣、实现人文关怀、塑造地域文脉。

城市环境的设计和景观公共艺术这两者的关系也是密切相连的。对景观公共艺术在景观环境设计中的作用进行深入研究，了解掌握其方法，在日后的设计实践中会给设计者带来很大收获。

城市雕塑在景观环境设计中是常常出现的一个现象。有些设计者会把城市雕塑美其名曰为公共艺术，但城市雕塑和公共艺术最本质的区别在于公共性。城市雕塑只是公共艺术众多的表现形式中的一种，即公共艺术仅仅是以城市雕塑的形式实现它的公共性，因此具备了公共性的城市雕塑可以称它为公共艺术。了解了这些，设计者就会本着公共艺术的内涵和表现形式设计更具意义和价值的雕塑。

将公共艺术在空间中的实施这一工作称之为"设计"的具体原因有

以下几点。首先，创作意指创造、创新，需要创作者具备综合的艺术创造能力，而设计与创作相比，设计是一个相对综合、复杂的思维行为活动。它是通过预先的设想、计划、规划，把头脑中形成的意象图景，最终以视觉的形式（二维或三维的再现）传达出来的行为过程。两者之间最明显的区别是，一个作为艺术创造能力，另一个则是思维行为活动和表达思维活动的行为过程，所以，将"设计"称为公共艺术在空间中的实施工作更加贴切。

对景观公共艺术的研究和实施应结合城市环境和人的存在，这涉及诸多和环境艺术实践有关的要素。设计师应先对这些设计要素有目标和计划地进行排列、解析、调整、归纳、提炼，以此完成设计过程，之后才是创作阶段。所以对于景观公共艺术实践而言，设计是十分重要的环节。

在国内，景观公共艺术设计对人们来说是极具魅力和潜力的新生事物。景观公共艺术设计的核心学科分别属于建筑学、艺术学、机械学一类学科下的二级学科，而二级科目里的环境艺术设计、景观规划设计、视觉传达设计、工业产品设计、绘画和雕塑五门课程组成景观公共艺术设计的核心学科。这些学科与城市管理学、生态环境学、社会学、心理学、行为学、美学、人类工程学和传播学具有直接的密切作用。可见，景观公共艺术设计是一个包含众多学科知识在内，具有综合现代设计手法的设计行为。它所涵盖的知识内容既系统又丰富，在知识体系上和建筑学、艺术学、机械学等学科形成诸多交汇点，具有极大的研究空间和价值。

当前，我国对景观公共艺术设计的研究也处于探讨摸索阶段，景观公共艺术设计主要研究方向被分为以下两个方面。

一、从自身的专业特长进行研究

因为全球各国的城市化进展突飞猛进，所以对城市形象塑造也会根据进程提出更高的要求，而作为现代城市建设不可或缺的城市环境组成部分的景观公共艺术，自然成为其中一个重要环节。如何解决城市建设过程中不断出现一系列与公共艺术相关的具体问题，对环境艺术学科提出了认识研究的现实要求，这个具有巨大实践效益的课题由此吸引了众多城市规划设计、建筑学及都市空间研究等方面的研究者。

二、基于传统艺术发展亟需突破瓶颈的研究

在方案设计时，设计师们要考虑的因素很多，但重点考虑的方向包括提升城市环境艺术品质、建立城市人文与城市精神、打造地域文化和城市形象、保护传承历史文化，等等，使艺术作品背后具有更深层次的意义。

第二节　景观公共艺术的构成要素

一、人和社会要素

人与社会的关联是密不可分的。社会是以人的意识形态和行为活动构建而成的，而公共艺术的核心要素又是人的参与程度，所以三者中人与社会的关联性对公共艺术有着深刻的影响。

景观公共艺术的范围虽然是在空间和物质上，但同时离不开人群，与人际层面有着千丝万缕的关系，具有重要的社会意义。公共艺术设计源自社会公众，服务于社会民众。在社会公众里，其事情的大小范围不同，小到民生、民情的生活所系，大到地区、地域的社会动向发展，景观公共艺术所具备的公共性其实就是针对社会和民众而言的。此外，作为环境里的公共艺术要发挥一定的社会作用，它要解决的既包括环境审美，也包括社会民主和民众权利问题。作为当代艺术的一种形式，公共艺术具有社会学和艺术学的双重意义。经济、文化、历史、环境、民生都对公共艺术设计有着重要的影响，而这些内容是公共艺术所要力争传达和表现的。正是景观公共艺术特有的公共性，才使它有别于其他艺术

形式，而独具综合、多元的艺术特征。

公共艺术设计事业的最终目标还是不离开公共性，满足人类聚居的生活方式，而创造这种发展需求的可能性是公共艺术设计事业一生的方向，也会是人类社会进步的原动力。

当下，彰显环境和谐、信息传播优质的人文思想已成为知识经济时代社会的大发展趋势。设计师们试图在人的主体地位和人与环境、人与信息的双向互动关系中强调尊重、关爱的宗旨和理念，并将其贯彻落实在景观规划设计、环境艺术设计、信息传播设计、设施设备设计及公共艺术的创造活动中。

公共艺术设计的核心要素是人的参与程度，而同样作为公共艺术设计的一部分，景观公共艺术设计最主要的特征之一就是大众的参与性，从这个基本点出发，公共艺术设计行为应最大限度地调动大众参与的积极性和可能性。首先是内动力的觉醒体悟，从需求着眼，力图让公共艺术设计关联到每个人，使更多的人从更多的视角、方面、层面参与到活动中，发挥主、客观的直接交换的互动共振，产生共生共荣的作用；其次，应留有多种选择的自由度；最后，作为活动的空间、信息传播的媒体，都应具有深广的文化内涵，使人在参与中受到文化的感染和熏陶，积极参与文化意义上的认知和理解活动。

总之，对整个社会而言，公共艺术设计行为既是一项系统工程，也是一项实用工程，不但能够在环境、传媒、文化等方面提升品质，而且能够提高社会的整体素质和水准。在这个意义上，重视公众参与的社会原则就具有十分积极的现实意义和深远的历史意义。从以上的景观公共艺术社会功能中分析，可总结出以下三种功能。

（一）暗示与启发功能

启发和暗示的先后顺序在景观公共艺术里并不分排名，可能是先得到暗示才受到启发，也可能是先得到启发再受到暗示。暗示作为心理学用语，可分为语言暗示、动作暗示和物体暗示。公共艺术正是通过物体暗示作用于人的视觉，使人产生意识、思想和感知，进而发挥心理暗示作用。景观公共艺术具有造型艺术的直观性、形象性及单项性特征，使各种人群处于一种被接受式的状态，而这种接受状态会从被动逐渐向主动转化，使人从中感知和领悟作品的内在含义，具有潜移默化的启发、启示作用。这种人与作品在平等、共享的环境下所进行的交流和互动，可以达到不同凡响的社会美育功效。

（二）感召功能

景观公共艺术会以各种公益性的、纪念性的方式营造艺术作品与环境，使参与其中的公众产生情感上的共鸣，对人的心理产生积极、健康的作用与影响。

（三）警示功能

通过不同形式、主题和功能的作品，对人们在日常生活中的言行、社会规则、历史事件等方面起到警醒、提示的作用，让作品内容的表达更加直接或隐晦，从而影响人的心理产生变化，作品的质量也会受到民众的影响，从而提高效果。

景观公共艺术的社会效应源于开放、共享的城市公共空间以及人与人之间平等、自由的交流。人际交往具有信息沟通、思想沟通、情感沟通等诸多功能。城市环境里的人需要彼此间的交流；城市公共空间需要与人性相契合；公共艺术更需要以不同的样式融入不同的空间形态中，并服务于不同的人群。

二、空间环境要素

公共艺术与私有艺术双方的最大区别在于场所的设置。雕塑的可塑性只有通过环境才能有所发展且持续下去，才能塑造事物周围的气氛。这说明公共艺术和所在的环境作为一个整体存在于同一个空间里是设计师设计时要考虑的因素之一，也就是说公共艺术和所在的环境作为一个整体空间，意味着公共艺术与公共空间有着密切的关系。

空间是在构建环境设计中最为核心基础概念的存在，公共艺术设计师同样需要有关注空间环境的专业意识，对空间环境的认知力是作为公共艺术设计师所要具备的一个既基础又重要的能力。这需要从空间的基本形态、排斥度、感受力等方面快速形成认知，再用敏锐、灵动的思维对空间环境进行更深入的探讨和解析，才有可能完成和环境相契合的优秀公共艺术方案和作品。

(一) 空间的定义

空间有两种最普遍的存在形式。第一个空间形态是客观万物存在的前提，是持有体积和占有空间，这是空间最简单、最原始的存在形态，即物体自身的空间；第二个空间形态是具有长、宽、高三个维度的空间体，而这种三维空间是最基本的空间体，也就是外部环境空间。在人们周围到处充满着空间，人自身占有空间；所在的广场、公园就是一个大的空间体；人和人之间的距离产生空间。对空间的理解可以想象成人们自身和外部世界之间形成的隔断，并且建立的一种联系。空间是比较抽象的概念，且不同学科对它的解释都不尽相同。

地方空间的影响也非常大，有些作品更是与空间的联系很紧凑，现以平面设计中的艺术表达形式"图"与"底"为例进行补充说明。"图"与"底"的概念概括一下就是"形象和其存在的空间是密不可分的，当在配置一切符合的场景内，有些形象凸显出来，成为图形，有些图像退居到衬托地位，成为背景。在平面空间中，'图'和'底'是共存、不可分割的两个部分，且总是互相陪衬的。

环境设计者在分析和观察一处景观环境时，眼前呈现出的环境到底应该是怎样的景象？这同样需要运用"图""底"转化的眼光进行分析。唐剑先生在《现代滨水景观公共艺术设计》一书中，对如何去理解、领会空间的概念进行了形象的解释。

不同人群眼中的空间呈现都是"空"的部分：在非专业人士眼中的空间呈现出的只是具象的环境景象；而专业人士眼中的空间只是物体间被充盈的部分。通过景物的围合和设立体现对"空"的部分的间隔，也就是"间"的部分。只有"空"和"间"的关系相互平衡和协调，合理的空间才足以形成，将"空间"一词分解开来分析，更易于人们理解空间的最本质的定义。"空"和"间"的关系等同于"阴阳花瓶"中"底"与"图"的关系。"阴阳花瓶"这张画充分诠释出了空间的概念,通过黑色人脸的围合,从而形成白色区域花瓶形态的空间。

(二)空间的界定

空间的形态必须通过实体的界定才会产生丰富的变化,而空间本身是不具有任何形态的。想要对环境设计的研究展开深入的了解,就要掌握空间的划分界定。同时,界定空间的方法可以从两个维度,即垂直界面和水平界面上操作。

1. 垂直界面的空间界定方法

垂直界面的空间界定方法有"围"和"设立"两种。"围"即围合,也就是围绕和组合;"设立"即设置和建立。垂直界面作为空间的第三维度——高度,在空间环境设计中的界定和表现是极为重要的。当下的景观公共艺术设计很难用一种方法解决眼前的问题,因此,"围"和"设立"这两种方法在运用上是相互结合起来加以运用的。

2. 水平界面的空间界定方法

水平界面的空间界定方法又被分为四种,即覆盖、肌理变化、凹凸、架起。不同的界定方法的使用和方式也有所不同,在特定的位置使用到适用的界定方法,会带来不一样的美学感受,效果也会不同。

(1)覆盖

覆盖的手法多用于表现凉亭、遮阳棚、藤架这类具有覆盖遮挡功能的环境设施物,一般尺度不是很大,具有一定的亲和力和艺术性。造型的变化比较丰富,在覆盖的同时,其自身形态投射到地面上的光影效果,能够为水平地面增强视觉感受。

(2)肌理变化

肌理变化用比较直观一点的解释就是"皮肤的纹理",肌理变化属于触觉范畴,以视觉作为表现是以人的感觉为出发点的。

肌理变化的手法多体现在地面铺砌的材质上,也可以和植物、水系这些软质要素相结合。水平界面上的肌理变化不仅仅局限于铺砌材质的变化，图案和色彩的变化也能体现视觉上的肌理效果。

（3）凹凸

凹凸方法一般运用在小幅度的上升和下沉广场、水系景观，两种方法多在一起运用，形成互相的对比和依托，是丰富水平界面层次变化最为常用的表现手法。

（4）架起

架起多表现水平界面逐步向上递进的层次感，一般多用于表现台阶和阶梯，也可与绿化护土墙、景观墙相结合运用。其表现手法丰富多变，所达到的视觉效果也是极其强烈的，架起的空间界定手法是景观环境设计中必不可少的方法。

把界定和表现空间的方法及对空间的认知延伸加进公共艺术设计里，会发现这些空间的用法和概念在设计创作中起到一个添加色彩的作用，使设计者在设计上的表达更加多元化，对景观公共艺术大有益处。城市中的雕塑、壁画、装置，所到之处都与空间有着密切的关联，若要建立起它们与城市空间的关系，都会运用到空间界定和表现的方法。

除了掌握和了解空间的一个基本理论和表现方式外，在公共艺术的空间环境的表达方面，还需要对公共空间与城市的关系进行认知。城市是一个由社会组织结构、生活方式、人的行为等诸多要素组成的复杂系统。城市公共空间作为一个与城市相对应的子系统，在对它的形态把握和塑造上，应从城市整体运作的角度看待城市公共空间系统的形成，这将有助于设计师最大限度地发挥公共艺术在空间环境中的表现力和价值感。

三、文化要素

作为一个城市的建设战略，公共艺术事业的发展在城市建设的规划走势里，无疑是成功的，以量的建设覆盖在城市的各种环境之间，但公共艺术的覆盖确实给城市带来了前所未有的生机和魅力。为了达到一个量的覆盖效果，其中也会含有一些大量程式化的、量产式的作品，潜移默化地介入人们的城市日常生活里。公共艺术作为一种艺术文化现象，到底应该以怎样的姿态出现？其内里的文化性应该涵盖什么才能成为公共艺术？以下对其进行具体分析。

（一）景观公共艺术与多元文化的关联

1. 具有艺术品质和精神内涵的多元化大众艺术文化表现

公共艺术可以表现出多元化大众艺术文化，但必须具有艺术品质和精神内涵。其实大家所讲的大众文化是一个普遍的大众性行为认知和意识审美呈现出来的新文化现象，形成于 20 世纪后半叶，也特指了现代都市大众普遍的娱乐消费模式，并具有娱乐化、商业化、时尚化的特征。

在设计公共艺术作品时要知道大众文化的一个双面性，把设计重点放在能给大众带来积极向上的、正能量的一面。以一种入世的关怀去和民众共享艺术文化的资源和空间，提升环境品质，激发民众的审美意识和情趣，将视点投向民众所处的合理位置上。

2. 与公众的审美水平平衡

公共艺术可以发挥艺术家的个人理念和精英精神，一旦作为公共艺术作品，要尽可能与公众的审美水平达到一定程度的平衡。公共艺术要面向不同文化经验和态度的社会公众，公共艺术的设计是尊重、倡导设计师和艺术家勇于用艺术作品发挥表达自己的想法和理念的。可以从不同文化角度、开放式的主题和不同形式出发，讲述某个现实观念，主张某种现实看法，以表达多元、丰富、开放、健全的城市美学艺术。设计师有权利把自己的想法和思路传达给观众，但应注意贴合民众的审美范围。好的公共艺术作品既传达了自己的理念，又与社会公众、城市环境之间保持着一种平衡。

当下大众文化背景下的流行和娱乐精神使得城市开放空间呈现更多包容性和开放性的意味。民众在这种大环境里乐于尝试和接受自己从未见过的、崭新的艺术。只要艺术是切实地站在民众的角度被设计创造出的，即使有点让观众陌生，也会很快被观众认可和接受。

3. 呈现具体生动的文化特殊性、时代性及审美理想

公共艺术可以依据不同文化和场所，在艺术的形式和观念上呈现具体而生动的文化特殊性、时代性及其审美理想。公共艺术的表达性和可塑性很强，在不同空间环境性质和社会文化情形下，它的形式观念指向是迥异的，所表现的文化精神内涵、审美理想也不尽相同。

现代公共艺术在时代的发展下出现某些通俗性和游戏性的特征，其在表现手法和展示方法上的呈现较为明显，且出于使艺术与普通民众或青少年产生亲和与对话的需要，使艺术作品赢得观者的亲身体验或接触，达到互动的心理效果。

有些则是出于新的形式语言的探索需要。实际上，当代一些具有创意的公共艺术把作品在特定的景观环境中的功能性和审美性、思想性及娱乐性予以完美地结合，同样赢得了观者的称赞和喜爱，成为艺术智慧的创造物与人性化服务的愿望的有机结合。对于这些情形，可以在公共艺术及现代艺术设计的作品中看到。艺术离人们并不遥远，在人们的日常生活里，娱乐、交往、消费及审美活动之间，两部分的结合变得越来越融洽。

从上述情况来看，公共艺术的艺术元素表达需要在大众和自我、环境与文化情形之间作出相应的抉择。通过分析对比、提炼整合后，在这一系列过程中将公共艺术的美学价值呈现出来，可以得出公共艺术和文化的关系是密不可分、形如一体的。

不同文化体系下的价值体系决定了人们对社会、自然的不同看法，而人类按照不同的价值观去改造世界，赋予自然文化的意义。在这样的条件背景下，从而形成带有不同文化属性的城市景观公共艺术。

(二) 景观公共艺术的文化特性

1. 景观公共艺术的文化多元性

在经济全球化的发展下，社会也进入文化多元主义时代，公共艺术在现实的物质世界里是文化多元性的众多表现之一，而公共艺术本身带有的多元性包含着与设计相关的自然和社会因素，设计目的、方式方法

和设计实施技术方面的多样性。

2. 景观公共艺术的文化生态性

自然界赋予了人类一切创造活动的条件。文化生态性是指自然环境和人类文化之间相互作用的关系和性质，人类把自然界作为创造活动的文化的基础和对象，有着不可分割的牵绊。人类对环境的利用和影响是通过文化的作用而实现的，人与自然之间通过物质、能量、信息流通、转换，进行文化创造活动，进而人类的活动和自然界形成一个和谐的文化生态系统。

景观公共艺术的设计与创作要依赖众多的自然条件，如大地、水、气候等自然环境；而自然景观在转化为文化景观的过程中，不仅有物质文明的渗透，也有人类精神文明的体现。

第三节　景观公共艺术设计的目的与意义

一、提升城市环境艺术品质

人文环境的基本构成要素包括经济、历史、文化、人口等，而自然环境的构成要素包含地貌、地质、气候、土壤、动植物等，这两者与城市整体关联之和就是城市环境的一个基本构成。城市的形成和发展，一方面得益于城市环境条件，另一方面也受所在地域环境的制约。

要是以人的角度去看城市环境的话，城市环境又可以分为两种类型：生活环境和景观环境。景观环境可以被比为装饰城市的"巨大画作"。如果将城市的生活环境想象成装修家居店的样品房间，那么景观环境就是装修样品房间里的"点睛之笔"，独具特色的家具装饰，使人一看就过目不忘并给人留下深刻印象。

城市这样巨大的环境领域也需要这样一个家居的装饰，而人们一直探讨的城市景观公共艺术恰恰代表了艺术与生活、艺术与城市、艺术与民众的一种新的关系取向与融合。在城市的发展下，景观艺术所带来的影响是城市进步的必然需要，也体现了城市文化和当代生活水平。公共艺术不仅是建筑艺术、园林艺术、雕塑艺术、壁画艺术等形式和门类的无关联组合，而且是众多艺术形式组成的有机整体，其理念渗透了人们对理想人居的渴求。换言之，公共艺术更要追求"环境的艺术化"，从而促成环境与艺术的互动，进而实现"环境艺术化"和"艺术环境化"的完美融合。

城市环境作为城市里的"公共空间"，其主要的特征还是离不开人，而在城市里发挥的一个基本性质就是充分地让市民感受到城市生活的美好，实现人文关怀的福祉。

公共艺术作为城市公共空间里的造型艺术，其存在的目的与意义最直接的体现是在对城市环境的装饰和美化上，而这种装饰、美化还需建立在审美性与功能性的关系的基础上。可以说，公共艺术的审美与功用结合的特征是较为明显的。一方面，公共艺术给城市空间带来的艺术性必须是显而易见的；另一方面，公共艺术的审美经验可以通过整合作品的实用性而使审美对象的美感得以改变或深化。可见，正确认识公共艺术审美性与功能性的关系是公共艺术创造与欣赏过程中需要解决的问题，也可以为环境与艺术的互动打下了良好的基础。

二、实现城市空间人文化

作为体现对人的文化的重视，人文反映了人类社会文明的进步和人类自我意识提高的指向，人文是人文化的中心部分，能表达出人在这个世界的发展情况及对生存的关注。城市空间人文化实践是公民参与和享用公共空间的最为根本的实践意义。建设什么样的环境最能体现对民众的关怀与尊重，既是设计师所要审视和思考的首要问题，也是景观公共艺术设计的主旨，公众参与是人文化得以实现的重要条件。

公共艺术可以启发民众对公共环境的价值意识的思考。用环境公共艺术作品引导民众的关注，关注度会影响公众的参与程度，而公众参与是人文化得以实现的重要条件。作为现代民主社会产物的公共艺术，它的第一要义就是使艺术走出学院和美术馆，成为百姓日常生活中的内容。民众对城市的美学记忆是具有一定生存感受的，而这种感受里蕴含着强大的民众文化力量。对设计师创新的肯定切实地发掘了民众内在的文化力量，这才是公共艺术产生并发展的根本基础和原动力，也是促成城市空间人文化的保障。

城市在一定程度上应该是人们对人生经验的相互交流，并使人生经验增加的活动场所。人文主义设计发展规划里一直凸显人对环境的归属感和场所感，提倡在设计中体现人文化，认为归属感是人的一种基本情感需要，以人的心理为中心视角对环境进行研究，而两者间的交流是一个解谜经过；人从知觉与联想方面对环境作出反应；从环境中得到线索，从而得到满足人的情感需求的答案。而景观公共艺术设计的过程就是谜题的设置过程。这种谜题设置的过程需要同人的心理需求相契合，达到人与环境的统一，以便人们正确解开谜题，从而得到答案。在不同环境里，人受到环境影响会出现不同的心理活动表现，而因人的特殊性，不同个体之间对身心的理解发育程度不一，在同一个环境中也会出现不同的心理表现。艺术家们在进行艺术设计和创作时，也会加入人的这一心理活动表现，通过在环境里，人在表达内心情感活动时出现的神态、身姿和行为的观察得到某种心理上的感知，使丰富多彩的风景在艺术作品中表达出来。在当下时代精神和社会体系的多次碰触与迭变下，如何重新审视人与社会的关系，通过景观公共艺术的形态和特性展现当下的流行文化，洞悉当代人的生存状态是公共艺术能够顺应当下时代精神、迎合艺术潮流、开创人性化景观环境的关键所在。

三、启发公众审美情趣

在当今经济浪潮的推进下，城市化建设得到了飞速发展，同时公民社会意识的日益形成使民众的权益得到提升，艺术教育的范围也从学院式的精英教育延展到以民众为对象的社会教育体系。当代艺术提倡追求个人精神，其艺术内容对精英式教育精神的普及，让艺术家们的文化水平和对审美的意识得到快速地提升，很好地适应融合在当代的世界潮流。

景观公共艺术的审美特性是在一个普遍的、广泛的民众审美意识区间里呈现出来的，有时候在作品设计里因形态、样式、主题、观念的层次深度不同，可能审美特性会超出民众审美意识这个区间，但公共艺术仍是本着一种入世的情怀示人，尽可能地将审美功能回馈给民众。

景观公共艺术的审美功能主要包括认知作用、教育作用和娱乐作用三个方面。

（一）认知作用

认知在公共艺术的多个方面起到了帮助人们认识社会生活、历史风貌、扩大知识领域、加深对社会生活内涵的理解、提高审美认知能力等作用。认知作用是通过艺术形象的鲜活生动显示出来的，作品是设计师和艺术家观察、认识和评价生活，形象地反映生活的结果，又以此帮助人们感知生活、认知世界。这些让人们认知主观生活和客观世界价值的作用既是形象的、具体的，又是具有本质意义的。

认知作用的大小、有无取决于作品反映社会生活的真实程度、广泛程度和深刻程度。真实性是作为艺术认知的前提和基础，而具有高度真实性的作品会发挥强大的认知作用。只有真实地反映社会生活的艺术作品，才具有一个认知的作用。因此，无论是在作品的设计里要表达生活或写意性的作品，还是现实主义和浪漫主义的作品，都要具有一定的真实性才能发挥出作品的认知作用来启发民众。作品以生活为基础，揭示着生活的内在本质和历史发展规律，产生了真实性，也就会使人易于产生认知，让作品的意义得到传达。

（二）教育作用

艺术作品带有的真实性产生的认知作用是可以影响民众的。景观公共艺术的审美功能里含有一定的教育作用，且在一些方面也对民众产生了积极影响。其原因是景观公共艺术的审美功能里含有的教育作用在艺术作品里多数是间接地引导人们的思维方式，在改善人们的思想感情、端正人们的世界观、树立高尚的品德、增强改造客观世界和主观世界的勇气等方面产生的影响是积极的，公共艺术作品在反映社会生活时，总是渗透出创造者的认识和评价、思想感情和审美意识。如果这种认识符合生活实际，评价符合实际，思想情感和审美观点符合民众要求，就不仅具有认知作用，还具有教育作用，尤其是优秀的艺术作品，更是具有极大的教育作用，它可以在帮助人们认知生活、认知社会的同时，教育人们对待生活应采取正确的看法和态度，树立正确的人生观和世界观。

艺术里涵盖的教育要求艺术家们在艺术作品中用艺术形象引导、启示思维，感染着人们，将深邃的内涵隐藏在鲜明的艺术形象中。这种潜移默化的教育作用通过艺术形象的感染发挥出来，让人们在潜意识里主动地接受艺术里的教育作用。公共艺术审美的教育作用一般具有形象化、以情感人、潜移默化等特点，其集中表现就是"寓教于乐"。

教育作用主要取决于艺术形象的社会意义及审美特质，设计师对社会生活的深刻认识、所具有的良好思想情操、对艺术形象的典型塑造、对主题的鲜明呈现等，在这些条件下创造出的公共艺术作品，都能够给人们以深刻的教育和积极的影响。可以说，艺术形象是高度的真实性和意义性的完美统一，是艺术具有教育作用的根本保证。

（三）娱乐作用

娱乐作用在公共艺术的审美里会对人们产生审美愉悦和精神上的乐趣。艺术作品里使用艺术形象的感染力传达娱乐作用，会让参与者获得精神上的快乐与满足。艺术的娱乐作用是人们欣赏艺术作品的直接动因，是对欣赏者要求获得娱乐、休息和精神调剂的满足，但其核心是在审美中享受一种高尚、健康的愉悦。因此，娱乐作用是艺术欣赏过程中的审美愉悦，在该过程中渗透审美的认知作用和教育作用。

艺术的娱乐作用可以用不同的形式和题材的公共艺术作品表现出来。不管是什么性质的艺术作品，都含有一定的娱乐作用在里面，能够给人们带来精神上的快乐与满足，让人们在艺术作品的审美体验过程中产生审美愉悦。公共艺术的娱乐作用主要取决于艺术形象的生动性、鲜明性和感染性。

拿作品来说，不同的艺术作品因为表现的形式、手法及意义不同，其对作品里的审美功能会有不同的重点表达。有的作品对认知作用较为突出，而有的作品注重教育作用的表达，还有些作品对娱乐作用的侧重会更加明显。这三者有同一特点，即分别独立存在于艺术作品之中，但这并不影响三者间相互交融、渗透，在统一的艺术形象和审美作用表达里，三者都具有缺一不可的审美功能。

从对美的需求这一点思考，每个人对美的认知能力都是与生俱来的，公共艺术更像一个庞大的室外美术馆，人们只需走出家门，便可在与日常的接触中潜移默化地积累自己发现美的经验，逐步形成对生活中美的认知。人们通过公共艺术作品享受生活中美的情趣所在时，便会形成对造型艺术文化的渴望和需求。人与公共艺术互动所产生的审美教育、审美感化、审美情趣等形成了一种深入人心的生活方式和价值观，由此可见公共艺术给人们带来的暗示和影响。

四、塑造城市特色和城市品牌效应

城市形象是在人对城市组成形式结构的系统感知基础上建立起来的。一个城市的文化象征是城市形象的整体表现，城市形象又是一个城市文化的外显，是公众对城市内在实力、外显活力、发展前景的具体感知、总体看法和综合评价。

人类带有的社会性让城市文化形成的开始就沾有群体性质，分化比较明显的有中国国内的"八大菜系"，如广州的"粤菜"、安徽的"微菜"、湖南的"川菜"等（具体的地名是为举例说明）。这些不同菜系中，烹饪手法与食材用料口味的不同，体现的正是城市文化与文化性格，使得在菜系覆盖的城市所呈现的文化也充满着不同的个性色彩，城市的文化个性与城市的经历密不可分，并在漫长的历史过程中积淀、演变、发展，最终形成城市特色。

城市形象包括硬件部分和软件部分，其中，硬件部分包括城市布局、城市建筑、城市道路、景观绿化、景观设施、公共艺术等；软件部分包括城市经济、城市行为、市民素质、公共关系、社会治安等。城市形象建设可谓一个决策管理过程，既是一种意识，也是一种文化。

美好的城市形象不仅要具有令人赏心悦目的城市面貌，还应有方便、舒适的生活环境、健全的城市功能和深厚的历史文化底蕴。城市特色是城市内在素质的外部表现，是历史和文化的沉淀，是人类在时间里演化出的特属于群体社会性的共同地方文化象征。

对于城市特色问题的探讨，人们有必要先去了解城市的特色都由哪些因素构成，认识城市和城市之间的特色形成为什么会出现不同的差异，找到相同与不同的地方，从而展开深刻地分析和探究。

城市特色的构成因素包括自然因素、人工因素、社会因素三大因素。

（一）自然因素

自然因素是指城市所在的自然环境和地理环境，如地形地貌上所呈现出的丘陵、平原、滨海、水域，季候上所呈现出的温热、寒冷、湿润、干燥，这些自然条件给城市地域带来显著的自然风貌特征。所以说，自然因素是形成城市特色的最基本因素。

（二）人工因素

人工因素是一切人为建造活动的成果，是形成城市特色最能动、最活跃的因素。城市特色最终要通过人为因素，即人为建造活动使城市形象变得美好，诸如建筑形象、规划布局、绿化等。

（三）社会因素

社会是由人的意识形态和行为活动构建而成的，这意味着社会因素是人工因素的深层依据。人们依照长期以来的生活习俗、行为方式、道德情趣建造城市，在建造活动中，会不自觉地将自己的观念和喜好融汇到物质实体的建设中。

想要理解人为因素，需要先对社会因素进行简单的了解。社会因素本身带有的隐性特征平常都会以人为因素来展现，但在我国南派古典园林中，石、水、植被元素的运用表现出它有时具有的独立意义，而南派古典园林对植被元素的运用展现了方寸间咫尺山林的局面和气势。按其形、色、香加以配置的树木和花卉被赋予了拟人化的不同性格和品德，这种对自然山水的概括和抽象，就凝缩了自然界的丰富面貌和"石令人古，水令人远"的人文内涵。

对于城市的自然因素应加以尊重、顺应和利用；对于人工因素，要当作为城市建设的主要任务展开。建筑师和规划设计师应该认真挖掘社会因素，发现社会因素是人为创造的依据，多利用人为创造的社会因素，以城市特色构成的三个因素为依据，便会发现景观公共艺术结合城市特色的创新发展，在当代城市建设中是具有一定生命价值的。这更是存储城市文化资本、彰显城市特色的一种重要方式。景观公共艺术有赖于对城市历史、文化和精神的把握，起到为城市形象定位的作用。景观公共艺术今后的发展方向还有待于在城市特色构成因素中进行剖析、展开思考。只有公共艺术与自然风貌、社会发展、人文内涵、传统和现代融于一体并形神兼备时，才能营造气韵生动的城市蓝图。

为了城市更好地发展，当今的城市研究机构在之前制定出对城市竞争力的评价系统，以经济和城市产业能力作为评价标准的核心，而评价系统是对整个城市进行评定评价，包括实力系统、能力系统、活动系统、潜力系统、魅力系统。人们所探讨的公共艺术就在"魅力系统"里，其中"魅力系统"可划分为品牌认知、形象影响力、文化凝聚力、游客满意度等。

公共艺术在"魅力系统"里的占比可能只是小小的一部分，但是在城市实体物质化过程中却对城市文化构建起到了很重要的作用，是城市建设大业中浓重的一笔。而"魅力系统"可以认为是一种有效的社会文化形态构筑，被分化成品牌认知、形象影响力、文化凝聚力、游客满意度等。

带有文化特征的公共艺术作为人文景观，已经成为城市公共环境中不可缺少的一部分。世界各地有许多成功的雕像设计因为与当地的人文和自然环境相符，具有高度的艺术欣赏价值，并且因其蕴含深厚的文化背景故事和内涵而深受民众的喜爱，更有一部分成为城市的地标。这些公共雕塑作为一个地域独具代表性的文化形态，其文化影响是深远的。

在地区历史发展的长河里，对我国的很多城市来说，物质资源的积累和长远的历史文化沉淀足以支撑一个城市的经济文化建设发展。因此，构建公共艺术项目品牌体系对塑造地域文化和城市品牌效应有较大的好处。

城市的发展能够带来以下几点效益：

第一，对城市竞争力评价系统中的"魅力系统"的构建，会把各城区特色主题文化资源作为建设的"地基"，将特色文化内涵融入景观公共艺术项目建设之中，让城市的特色得以表达。

第二，整合各区域分散的公共艺术形象，整体打造共享型公共艺术品牌，构建城区景观轴线、节点、区域三级公共艺术品牌体系。

第三，利用景观公共艺术彰显城市特殊本质、传达城市精神主旨，凸显主题内涵和外延，构建地域景观坐标，形成强烈的精神场域，达到让大众到区域进行特色文化学习、参观的目的。

第四，公共艺术需要不断审视和挖掘城市文化元素，在继承传统文化的基础上，找准定位，提升公共艺术所带来的文化感染力和吸引力，努力打造独具文化魅力和生命力的城市文脉和底蕴。

五、带动区域经济发展

当下，公共艺术项目已经成为中国城市建设重要的支柱产业。文化在经济社会发展中的作用越来越突出。推动公共艺术项目的建设，既是文化产业发展的必然趋势，也是实现城市文化大发展、大繁荣的现实需要。充分发挥景观公共艺术对城市文化发展的引领作用，推动景观公共艺术项目建设与公共艺术文化建设融合发展是展示文化内涵与魅力、塑造中国城市品牌形象、实现文化经济价值的重要途径。

公共艺术连带效益最直接体现在文化创意产业发展形式给城市带来的属于城市的财富，也是带动旅游业和就业服务收入的关键。

首先，创新公共艺术项目和业态，大力发展主题性景观公共艺术，提升公共艺术的多样性。

其次，加大文化艺术场馆，如博物馆、历史文化馆的建设力度，设立艺术基金；创新机制，建立政府与其他民营企业所组成的非营利的基金，形成资金平台。

最后，大力开发区域文化标志性旅游纪念品。抓住旅游者对文化需求与纪念需求的消费心理，设计创作一批含有城市特色、代表城市标志性文化元素的物品，用来作为该地区的旅游纪念品。旅游市场的大力推广，让具有地域标志性文化符号的纪念品成为游客来此的"必购品"。

而文化"必需品"的发展正是当前公共艺术文化产业与城区改造项目面临的一个最佳机遇期。景观公共艺术所具有的开放性和参与性能直观地为所在城市吸引和召唤大众，并使其"慕名而来"，不但可以促进经济效益发展，还可以开发本地旅游资源，有意识地对外加以规划经营，使之产生一系列旅游文化效应，获得城市环境艺术之外的其他收益。

公共艺术以城市文脉为纽带，在市民间建立紧密联系，作为城市文脉积淀与传承的重要载体。公共艺术项目建设应该依托商业地段而展开，小到个人生活品质，大到地区区域发展，在资源永续利用的前提下促进经济可持续发展。

第四节　景观公共艺术设计遵循的原则

设计准则是设计原则，而设计原则也能是设计准则，这两者可以帮助人们构建合理的公共艺术方案。实现设计准则使用的步骤、方式，采取的途径、手段都是设计方法。设计方法是建立在原则的基础之上的，方法往往以原则为依据而展开。在整个设计过程中，原则和方法是作为一体被设计者思考的。景观公共艺术的设计原则究其根本，无外乎对空间、美学、公共性这三方面的思考。

一、与空间关系的协调性原则

空间是构建环境设计最为核心、基础的概念。公共艺术作为公共环境组成的一部分，与空间的紧密关系和联系每时每刻都在发生着。不管是在不同种类、形式的作品上，还是不同材料的作品构建中，无论处于怎样性质的环境里，作品的形式构成和空间构成上的协调关系一直都是设计师为之细心思虑、苦心经营的重要工作。作品的大效果或是整体框架应该暗含着与所在空间相互作用的一种视觉结构。在日常的设计实践初始，作品的环境定位极为重要。

（一）统一与多样

作品和空间关系上的协调意味着相互统一，可以是以一个整体而存在的。统一和多样是互补的概念，统一性是整体性的体现或状态，现实环境中包含诸多环境要素。对公共艺术本身而言，无论作为环境中的主体还是客体，它的表现主题、样式、材质、色彩都会给人带来不同程度的视觉感受和心理上的影响。可以说，统一性就是一种感觉，指作品自身及它与环境之间的元素组成了一个有序协调的整体。

若想在丰富多样中寻求统一的效果，需要设计者从多方面、多角度考虑作品自身及作品与环境间的诸多关系，唯有在统一与多样之间达成平衡，才会创造出生动的效果。

（二）平衡

平衡对艺术设计和创作来说，既是视觉的效果，也是结构的需要。平衡即获得均衡，设计师和艺术家总是致力于谋求平衡，以获得心灵的安宁。这是因为人们对维持身体平衡的本能与对视觉平衡的需求是对等的。景观公共艺术作品无论表现样式如何，其构成平衡的类型无外乎"对称式平衡"和"非对称式平衡"两种。

1. 对称式平衡的构成特征

对称在人们的生活中并不少见。对称也可以称为对齐，是相同的形状和相同的数量或者分量组合起来的形式，能够表达秩序、排列的安定感，在艺术作品的设计和创作中也会被用到，分为上下对称、左右对称、中心对称等多种表现形式。以物品中心点作为中轴线，按照水平、垂直的方向划分，或以中心水平线为基准划分，被划分后，物品以形状、图片、颜色等相同一致的情形出现，才能算是一个对称构成。造型、色彩上采用对称的构成形式，能使作品产生安静、平稳和庄重之感。

对称有"完全对称"和"相对对称"之分。完全对称是指在中轴线两边或中心点周围所组成部分的完全相同的造型形态。完全对称分左右对称、上下对称、上下左右对称、转换对称和旋转对称等形式。

如果说完全对称容易产生呆板效果的话，那么，相对对称则是公共艺术家更加乐于使用的设计手法。相对对称是保持其大的结构特征不变而有少部分形状或色彩出现不对称的现象。用另一种说法来讲，相对对称是在局部上加以变化，但在总体上仍保持对称的形式。因此，这种形式在不失其对称形式的稳定感的前提下，同时具有灵活、生动和自由的特征。当然，完全对称或者相对对称在具体的公共艺术设计中要结合建筑功能及其景观环境因素而定。

2. 非对称式平衡的构成特征

非对称式平衡与具有统一效果的对称式平衡不同的是，非对称的平衡是将不同的形态、颜色、物质构成、方向等因素组成的物体形象添加在作品设计和创作中，以表现预想的平衡状态，其最大的特征在于变化的同时带有一定的统一性质。

可以把不对称下的平衡理解为一种"量"的均衡，即同量而不同形的构成组合。作品的重心稳定是很重要的，对对称形态来说，左右、上下的相同等量一定是稳定平衡的，而不对称平衡却是在一个左右、上下都不是均等的形态里达到一个整体空间体量的均衡，这种均衡正是来自观者视觉和心理上的平衡。

从视觉的角度而言，造型艺术的平衡是指通过艺术的手段，作用于人的视觉乃至心理上的平衡。

平衡可以提供视觉上的安定感，是人类生理和本能的需要。平衡是一种"力"的对称。它不受中轴线和中心点的限制，不受造型的形状、大小和色彩的限制，体现了变化中的稳定。这种平衡意味着有一个对称式的重心，只是这个重心很难通过计算的方式被找到。当然，物理上的平衡问题对公共艺术创作来说是同等重要的。

在艺术作品的设计造型里，平衡作为基本法则，赋予了作品给人的安定感，但平衡的作用远不止于此，和人类相关的各项事宜中也存在着平衡法则。在宇宙这个大系统中，做好平衡是在系统里生存和更好地发展下去的重要因素。人类社会就是在不断地平衡过程中发展起来的，如建筑、环境、自然界、人类自身、宇宙的演变与运行等。景观公共艺术作品和城市空间相辅相成时，势必会给观者一种视觉和心理上的平衡。

这样的平衡感源于人们的日常生活和基本经验，可以说是人们为了获得一种安定感而需要达到的心理或精神上的平衡。

以上的论述可见，平衡意味着某种形式的对称，是变化与统一的表现方式。作品若想与环境达成平衡协调之感，通常应以下面两种形式呈现。

第一，作品自身的造型一定要平衡。所以，为了达成作品的协调性，给参与者带来积极影响，设计师在作品造型的设计创作中要更加用心注重造型所要达到的平衡。

第二，作品自身并非以一种平衡关系出现。当作品本身以错综复杂的多种平衡关系交织在一起出现时，可以通过与环境相契合形成一种整体上的平衡感，往往这一类作品更加突出设计者在环境语言表现上的用心。

人们所见到的多数公共艺术作品基本上都呈不对称平衡的构成关系。对称组合方式下的平衡是理所应当的，而用不对称组合方式达到构成上的平衡，才是造型艺术的真谛。

景观公共艺术和环境的关联就是在两者间的变化和统一中谋求一种相互平衡的关系。在景观公共艺术设计中，平衡是一项极其重要的法则，它不仅反映在作品本身，也同样反映在作品与建筑及其景观环境的关系中，需要人们在实践中不断地探索和研究。

（三）对比与调和

如果说多样性给统一带来了差异感，那对比就是统一的相反面。艺术构成中比较注意对变化和协调的处理，也可以说是统一与对比两者之间的关系。公共艺术的设计中，对两者的关系（统一和对比、整体和局部）同样需要做到协调。

所以，无论是形式构成还是空间构成，在协调整体关系的同时合理运用对比变化的手法会得到意想不到的点睛之美。统一和对比的关系是相对的，对比变化的手法并不是总以整体作为前提来使用的，统一和对比的关系其实是相辅相成、此消彼长的，可以是以平衡统一为主、对比变化为辅，也可以以对比变化为主、平衡统一为辅，能够在对比变化中达成统一，也可在统一中寻求变化。究竟是赋予环境更多的统一感为好，还是更多的对比感为好，这完全取决于设计者想要赋予环境怎样的目的和意义。

在景观公共艺术设计中，无论是作品自身的对比，还是与周围环境之间的对比，都可归结为造型要素间的对比，比如形体的大小和聚散对比、空间的远近和方向对比、色调的明暗和冷暖对比、体量的强弱对比、线条的软硬对比、材料的质感对比、视觉的虚实对比及表现观念上的对比，等等。对比的作用不仅是与统一形成反差，还能增强艺术的感染力，把其特征显现出来，鲜明地反映出不同之处，从而形成视觉效果上的张力和表现力，使主题得到升华。对于景观公共艺术而言，通过对比可以使其在环境中形成兴趣中心，或者使主体从背景中凸显出来，通过强调对比双方的差异所产生的变化和效果获得富有魅力的形式，而调和则是把对比所形成的各种强烈的因素加以协调统一，使其达到缓和、融汇、均衡的理想状态。

　　对比与调和在配置上应该作为一个有机的整体来进行思考，而在作品设计上，两者间的分配程度如何还要根据整体或局部环境的功能和风格加以把握。

第四章　城市公园与广场景观设计分析

第一节　城市公园景观设计

一、城市公园的概念

随着社会的发展与时代的变迁，城市绿地面积日益减少，现代城市公园成为城市的"绿色之肺"，在城市中扮演着重要的角色。现代城市公园具有休闲娱乐、健身运动、交谈休憩、观赏游览、儿童娱乐、溪水垂钓等功能，不仅可以为市民提供不同类型的活动空间，如动区与静区、开放区与闭合区、公共区与私密区等，而且在改善现代城市生态环境和丰富城市生态结构，维持城市可持续发展方面发挥着极其重要的作用。

城市公园是市民休闲娱乐和参观游览的主要活动场所，城市公园景观设计不仅要考虑人们的活动需求、休闲习惯以及心理需求，还要满足不同年龄阶段、不同身份特征的人的不同需求。故而基于城市公园的功能与价值，要充分利用城市公园景观设计的实践经验，打造出具有吸引力的城市公园，使其成为居民的休闲场所。城市公园是城市景观的重要组成部分，是向公众开放的，供公众游憩、观赏、娱乐，进行体育锻炼、科普教育的场地，具有改善城市生态、防灾减灾、美化城市的作用，积极而有力地促进了城市经济、文化、环境的发展。

从城市公园的功能角度来看，城市公园是指具有不同功能，可供人们休憩娱乐的活动区域，可以给人们带来视觉层面和精神层面的享受，同时还具有传播城市文化及彰显城市风貌的功能。从人类所在的城市和生活的角度来看，城市公园是指自然的或人工开发的公共空间，由不同的地形高差、植被、水体、道路、广场、建筑、构筑物以及各种公共设施组成。城市公园的概念不仅包括各种主题公园和综合性公园、花园、自然森林公园，还包括城市的水上娱乐公园、植物园等，简言之，在城市建成区域范围内的公共性公园都是城市公园。

城市公园景观设计主要包括公园的景观规划和公园的景观具体设计两部分，它是以满足人们的多种现代城市社会生活需要而建设的或有意识改造的，由建筑、道路、山水、地形以及绿地等围合，由多种软、硬质景观构成，主要采用步行交通手段，具有一定的开放或封闭、融入城市或隔离于城市的公共场所，需要融入一定的社会文化内涵、生态及审美价值的景物，并且有一定的主题思想和规模的城市户外公共活动空间的设计。公园景观设计的基本要素（如：植物、地形、地貌）受气候、时间、空间等自然条件的影响而变化，公园规划和设计必须考虑这些影响，因地、因时制宜，创造不同的地方特点和风格。

二、城市公园绿地规划与设计公园

"绿地"一词在《辞海》中是这样解释的：配合环境，创造自然条件，使之适合于种植乔木、灌木和草本植物而形成的一定范围的绿化地面或地区，具体包括供公共使用的公园绿地街道绿地、林荫道等公用绿地以及供集体使用的有附设于工厂、学校、医院、幼儿园等内部的专用绿地和住宅区的绿地等。近代城市规划制度产生后，开始将城市绿地作为城市用地的一个重要种类在城市规划中合理运用。公园绿地设计既是城市景观设计的主要组成部分，也是公园景观的主要构成要素，绿地环境可以为人们提供良好的游乐场所。

随着科学技术的发展，城市规划理论日趋完善和成熟，特别是城市规划中对生态学理论的运用，使人们对城市绿地有了全方面综合功能的认识。城市绿地功能除了保护城市环境、改善城市气候、降低城市噪声、减灾防火等生态功能外，在使用功能上能给市民提供休息、娱乐活动、观光旅游、文化宣传及科普教育等活动的适宜场所。另外从美化城市的角度看，绿地能丰富城市建筑群体的轮廓线，增加建筑的艺术效果，使整个城市拥有优美的、自然感强烈的景观环境。

城市绿地的功能较多，随着时代的发展，城市绿地规划已有了较大的发展，并与城市总体规划同步进行。总体来说，城市绿地按照功能一般包括公园绿地、生产绿地、防护绿地、附属绿地等，其中公园绿地是城市绿地中重要的组成部分。

（一）公园的分类与设计

城市公园向全体市民开放，是城市中人们休憩、游玩时接触最多的地方，公园绿地是对城市形象影响最大的绿地系统。公园的主要功能是提供人们游憩、休闲、观赏、进行户外锻炼和娱乐等活动的场所，兼具景观、生态环境效益、防灾等功能，城市公园可分为综合公园、社区公园、专类公园和带状公园等。

1. 综合公园

综合公园的功能比较齐全，可以满足人们休闲、娱乐、教育、体育运动等多种活动。正是由于综合公园要适应多种功能要求，因此这类公园的占地面积通常较大。综合性城市公园的面积一般不小于 1000 平方米，且自然条件良好、风景优美，园内有丰富的植物种类。同时也要求公园设施设备齐全，能适合城市中不同人群的需求。根据其服务范围又可分为全市性综合公园和区域性综合公园，全市性综合公园的服务面积相对更大，服务半径几乎覆盖了整个城市，其位置选择也要适当，以居民乘车 30 分钟左右到达为宜；区域性综合公园的服务半径覆盖整个区，以步行 15 分钟左右可以到达为宜。

综合公园在较大的城市一般可以设置数个，而中小型城市一般可设置一个。综合公园包括的内容较多，一般有游戏娱乐区、儿童活动区、生态林区、休息饮食区、管理区等，并且每个区域中必须有相应的设施，比如儿童活动区必须有儿童游戏设施，休息饮食区必须有餐饮店、休息椅等。另外，为了给人们的游玩提供便利，公园内还必须设置停车场、管理办公处等。公园内的绿化植物种类要丰富，植物要根据各景区的需要进行配置。

2. 社区公园

社区公园是居民进行日常娱乐、散步、运动、交往的公共场所。通常包括居住区公园和小区游园，是居住区居民公共活动的主要场所。社区公园一般包括休闲区、运动区、休息处，比较大的社区公园还设有停车场等。居住区公园是居住区配套建设的集中绿地，面积一般不小于300 平方米，公园服务半径为 500 米～1000 米。小区游园是一个居住小区配套建设的集中绿地，面积一般为 200 平方米左右，服务半径为 300 米～500 米。

3. 专类公园

专类公园是指具有特定内容或形式的公园，比如儿童公园、动物园、植物园、历史名园、体育公园和游乐园等都是专类公园的类型，其中每一个公园和公园绿地景观都有自己专属的功能和特点。下面以儿童公园、动植物园、体育公园为例进行具体分析介绍。

儿童公园是专为少年儿童服务的游乐园，主要针对儿童的生理、心理和行为特征为核心进行设计，还特别为不同年龄段的儿童设置了以游玩、游戏为主要功能的公园绿地系统。其设置区域一般包括出入口、游戏区、运动区、体育区等。儿童公园的主要设施有秋千、滑梯、木马、小型球场等，在设置时一定要保证这些设施的安全性和知识趣味性。另外也不能缺少垃圾箱、厕所等必要的环境设施。儿童公园的选择一般应在居住区附近，并考虑不要经过交通频繁的道路，儿童公园的标准规模一般为 2500 平方米，服务半径为 250 米。

动植物园主要是为人们提供对动植物进行观赏、研究和教育的场所。植物园的选址一般来说要充分考虑植物对生长环境的需求，常设置在交通方便、土地肥沃、水源充足的近郊区。区域设置一般包括浏览区、休息区、管理办公区、温室、苗圃区等，并有相应的研究性设施。

动物园因考虑到安全性，不宜与居住密集区太近，并且要在周围设置防护网或缓冲绿地。此外，还要设置卫生防护林带，确保动物的粪便、气味不对城市其他区域造成污染。动物园的规模要根据展出动物的种类、保证动物有足够的户外活动空间和适宜生长的生态环境为尺度来确定，其区域设置一般分成浏览区、休息区、餐饮店、停车场等，并在一定区域配备明确的标识指示系统和解说系统。

体育公园是提供各类体育比赛、训练以及日常体育锻炼、健身等活动场所的特殊公园，要求有一定技术标准的体育运动及健身设施和良好的自然环境。体育公园一般面积比较大，包括户外体育运动设施、体育馆、草地、休息区等，但运动设施面积以不超过公园总面积的一半为宜。在体育公园内也可以将运动设施的标准适当降低，适量增加娱乐、餐饮的活动项目。体育公园为了能够更方便地让居民使用，一般选在与居住区交通便利的地段，同时由于人流量较大，因此，园内需要设置明确的标识指示系统，而且还要备有充足停车位的停车场，以便保证正常活动的进行，并能有效地疏散人流。

4. 带状公园

带状公园是供市民游赏、休闲的狭长形绿地公园。公园主要以绿化为主，并在其中设置一定的休息服务设施。带状公园的位置一般是与道路、河滨、海岸等结合设置，不仅能改善城市环境和景观质量，而且还是城市文化风貌的具体体现。带状公园的宽度一般不得小于 10 米，最窄处也应满足游人的通行、绿化种植带的延续以及小型休息设施布置的要求。比如南京小桃园、牡丹江石岸公园便是带状公园绿地的优秀实例。

（二）公园绿地规划设计原则与方法

公园绿地是城市绿化中重要的组成部分，具有改善城市生态环境、美化城市景观等作用。因此，公园绿地规划设计是城市景观设计的重要内容，其设计过程必须遵循一定的规划设计原则来进行。

1. 公园绿地规划设计原则

首先，公园绿地规划设计首先以充分发挥其功能为基本前提。在城市公园绿地的规划布局中，根据合理的服务半径，将各种类型的公园绿地分布于城市中的适当位置。

其次，在整个绿地规划设计过程中，要始终本着以人为本的原则。也就是在功能空间划分、活动项目、活动设施、建筑小品和环境设施的布置及景观序列的安排等方面都要以人的心理学、行为学和人体工程学为基本出发点，设计出使用频率高，真正供市民休闲、娱乐的公园绿地。

再次，公园绿地的规划设计要以充分发挥绿地的生态效益为原则。为了满足这种原则，在规划中可以将大小不同的公园绿地分布于城市不同区域中，并用绿带或绿廊的形式将其连接在一起，形成一个整体。在具体的绿地设计中要以植物造景为主，植物选择以乡土树种为主，同时根据生态位（一个种群在生态系统中，在时间空间上所占据的位置）及其与相关种群之间的功能关系与作用、群落生境等特征，形成合理的乔木、灌木以及植被种植结构和生态型的植物造景系统，努力达到生物多样性和景观多样性。这样的布局和设计才能使公园绿地的生态效益得到充分发挥，真正发挥改善城市环境、维护生态环境的生态功能。

最后，公园绿地规划设计要满足美化景观的功能要求。遵循这个原则应考虑在规划设计中公园绿地和周围环境及建筑之间的关系，绿地本身的景观结构以及景观序列安排、艺术特色等内容，此外对于一些有特殊意义的公园绿地还要对其地方文脉和文化内涵等进一步探索。总之，公园绿地规划满足美化景观的原则就是要在立意和构景上下功夫，使人们在公园绿地中有更高的精神享受。

公园绿地是由地形、各种类型的植物、水景、建筑小品及环境设施、园林构筑物等要素组成的，因此园林绿地的设计，简单来说，就是如何合理地安排这些构成要素。首先在进行设计之前，要对公园的基本情况进行一些调查或资料收集工作。资料收集工作包括公园用地的历史现状及自然条件，该规划用地在城市总体规划中的位置以及和其他用地之间的关系等要有明确的了解。然后对公园的用地现状进行分析评定，包括对园内各地形的形状、面积、坡度比例等先进行分析评定，对土壤及地质、肥力、酸碱度、自然稳定角度以及园林植物、古树等的数量、品种、生长状况、覆盖面积、观赏价值等方面进行全面的分析评定。另外，还要对园内建筑、广场、道路以及其他公用设施的位置、标高、铺装材料、走向等方面进行分析以及对园内现有的人文或自然景点区、视线敏感区、视线盲区等也要进行分析评价。

做好全面的分析评定工作后，要针对这些评定结果对公园绿地进行总体规划设计。重点处理公园用地内外的分隔形式，使其与公园周围环境相协调，处理好对园外美好景观的引借和对不良景观的遮挡。计算公园用地面积及游人量，确定公园的活动内容。然后根据公园的性质和现状条件，划分功能景区，并确定各个分区的规模特点，进行总体平面布局。确定公园道路系统及广场，组织好景观序列和园路系统。园路系统可以根据不同的使用者，专门设置供游人利用的道路和供管理人员利用的道路。供游人利用的园路一般是方便快捷到达各个景点的道路，供管理人员利用的道路应该方便车辆运送公园所需的货物和设施，并考虑与仓库、管理设施相连。

城市公园的园路一般有直线式和曲线式两种形式。直线式园路是园内到达目的地距离最近的道路，多设置在平坦的地形上，方便游客通行，能节省游客游园的时间。曲线式园路既可用于处于丘陵上的园林中，也可用于平坦地形上，曲折多变的形态，给游人以步移景异的景观感受。无论是直线式园路还是曲线式园路，园路两侧的绿化设施都非常重要，通常要根据需要选择合适的树种及配植方法，为人们带来视觉上的美感。

2. 公园植物景观设计

公园绿地的植被覆盖面积很广，通常会远远超过公园内其他建筑用地，这也是将公园绿地作为城市绿化景观设计主要内容的原因。公园植物主要由树木、花卉和草坪构成。树木一般又分荫木类、叶木类、花木类、果木类和本质藤本类这几大类型，最常用的有叶木类的乔木和灌木。花卉的种类也很多，最常见的有菊花、莲花、兰花、芍药、月季花、郁金香等，分别有不同的形态和色彩。草坪按其功能分类，包括观赏性草坪、休息草坪、运动草坪、护坡草坪等。

公园绿地设计要根据当地的地质土壤、气候等自然条件选择植物类型，尽量采用本地的植物，将各种植物进行精心组合，合理搭配，形成稳定的生态群体，使其充分发挥美化景观的作用。另外，也要兼顾植物的生态效益、组织空间和卫生防护的功能。

公园植物配置是公园绿地设计的重要环节，包括公园植物与植物相互之间的配置和公园植物与其他诸如建筑、山石、水体、园路等构景要素相互之间的配置。

由于不同类型的植物其干、叶、花、果的姿态、大小、形状等无一雷同以及它们在不同阶段或不同季节的植物色彩也有所差异，因此在进行植物配置时要因地制宜，因时而制，保证植物正常生长，充分发挥其观赏性。选择园林植物时，要以当地树种为主，这样既能保证植物有正常生长发育的条件，又能反映各个地区的植物风格。此外，也要相应地引入一些优良品种的花卉、植物，以增加园景的新奇感。

（1）树木配置方式

树木配置方式一般有自然式和规划式。自然式是指树木的形式、株行距等不统一，排列随意，具有天然植物组成的自然景观美。比如中国古典园林风景区一般都采用自然式配置方式，但在局部地区，比如主体建筑物附近或园路两旁的树木植物则采用规则式布置。自然式配置树木的布置方法有孤植、丛植、群植和林植等几种。孤植也就是单独种植，这样的种植方法主要是显示树木的个体美，常作为园林空间的主景。作为孤植的树木一般具有形体高大雄伟、姿态优美、有特色、色彩鲜明、寿命长等特点。孤植的目的虽然主要表现其植物的个体美，但还要考虑其与环境间的对比与烘托关系，在孤植树木周围配置的其他树木应保持合适的观赏距离。另外在珍贵的古树名木周围，不宜栽植其他乔木和灌木，以展现古树名木的独特风姿。

丛植是园林中应用最为普遍的树木配置方式，通常是将三株以上不同树种组合在一起，既可作主景或配景，也可以用作背景或隔离措施。丛植的方式符合景观艺术构图规律，既能表现植物的整体美，又能欣赏树种的个体美。

群植就是由数量较多的树木组合在一起的种植方式，既可以选择相同的树种进行组合，也可以由几种不同的树种组合成群体。群植方式占地面积较大，树木较多，主要体现树木的群体美，在园林中可作背景或伴景应用，在自然风景区也可作主景。另外，当两组群体相邻时，又可互为对景或框景。群植方式布置的树木不但能形成独特的景观艺术效果，而且还有改善空气质量、美化环境的功用。因此，在进行具体布置时应当注意整个树群的轮廓线及色相等效果。

规划式配置树木一般常以左右对称或辐射对称的方式布置。左右对称布置方式又可分为对植、列植等。对植就是大致对称地种植数量相等或相近的树木，一般应用于园门、建筑物入口、园内广场的两旁等处。列植也称带植，是树木成行成带式种植，多用于道路两旁、规则式广场的周围，如用作园林景物的背景或隔离措施，一般宜密植，形成树屏。辐射对称包括圆形、环形、半圆形、弧形等富于变化的方式。

（2）花卉设计形式

花卉的形式同树木配置形式一样，也分为规则式和自然式两种。其中规则式花卉主要通过花坛表现，自然式的花卉则主要通过花丛、花群和花地等表现。

花坛是具有一定几何轮廓的种植地，花坛内可种植各种不同的观赏性花卉，从而构成一幅色彩华丽的图案画，具有很强的装饰性，花坛主要强调景观的群体美。

花丛、花群等自然式花卉的主要特征是以数量、规模及地形取胜，形成单种花丛或多种花丛的花群，或构成连绵不断的花地，更接近自然景观。

另外，在花卉设计中还有一种半自然式的设计形式为花镜。花镜主要种植宿根花卉，大多沿园林长轴方向演进形成带状连续构图，并没有规范的形式。花镜是模拟自然林地边缘多种野生花卉交错生长的自然景观状态，有球根花卉花镜、混合花镜、单面观赏花镜和双面观赏花镜等几种类型。其主要特点是以墙、绿篱、树丛等为背景，从构图的平面和立面欣赏植物，一年四季均有可赏的花镜。

综上所述，公园绿地是具有一定的活动设施和园林艺术布局的城市绿地，是为市民提供休憩、游览、娱乐的主要场所。公园绿地包括的类型较多，在具体设计时，要从公园的性质、特征和人文内涵等方面进行考虑，结合公园现状进行具体设计，确保公园景观能为市民提供良好的精神享受和视觉审美的环境。

（三）城市公园设计分析

1. 地形设计

地形是公园的骨架，通过合理利用地形，可在公园中创造供人们休闲娱乐的优美环境。造园讲究因地制宜，对公园内原有的地形地貌要适当地保留，采用合适的处理手法使其发挥最大的景观效益。在处理不同地形时，可根据其特点满足不同的使用需求，如自然坡地可以成为人们休憩、静坐的好去处，梯形地可以设置符合人体工程学的台阶，垂直地则可以布置舒服的座椅等。

2. 园路设计

园路是公园景观的重要组成部分，对于公园景观的营造起着非常重要的作用。它不仅可以组织园林空间和引导交通游览路线，还是人们休息散步的场所。在城市公园中，需要通过对游人特征、行为、数量等的调查与预测，全面系统地考虑游人的行为特点，进行人性化的园道设计。如人们有抄近路、走捷径的行为习惯，在布置公园游览路线时，就应该考虑不同的使用者的需求，使他们能迅速便捷地到达自己想去的活动空间。当公园中道路存在高差的变化时，也应尽量用缓坡代替，这样可方便坐轮椅的使用者。

3. 植物配置

植物是营造公园景观不可缺少的因素。营造人性化的植物景观，首先是合理选择植物，应优先考虑乡土树种，体现当地的民风民俗，使公园具有地方特色。其次，结合当地气候特点，合理搭配各种乔木、灌木、花草等，为使用者提供一个风景优美的休憩处。在草坪的布置中，要注意选择耐践踏的草坪品种，为人们休息、嬉戏、聚餐提供便利。此外，还需要考虑一些特殊使用者（残疾人、老人和儿童）对植物的要求：要合理配置其高度，方便残疾人接近植物；注意避免选择毒的、带刺的、花粉引起过敏的植物，保证儿童使用的安全、舒适性；对于盲人的欣赏需要，选择芳香的和有质感的植物品种，让他们可以通过其他途径感受大自然。

4. 设施小品设计

设施小品应遵循观赏性与实用性相结合的原则，要能够体现地域特色，并具有亲切的尺度，反映生活情趣等。设施小品也是公园中和人最贴近的要素，必须保证设施小品的数量充足，位置布置合理，并且保证每个单体具有人性的体量，给使用者以认同和亲切感。人们在公园中活动，公园的安全性尤为重要，这依赖于必要的防护设施以及公园的晚间照明设施。另外，必须在整个公园设置清晰、醒目、引导性强的标志牌，标明道路、设施、出入口、电话亭、厕所，并提供如何求助等标识性设施。

5. 公园的建筑及构筑物

建筑及构筑物作为公园景观设计中的附属要素，除了本身作为公园的景点外，也是为方便游人休息和观赏而设置的景观空间，其内部空间使用的舒适性也应该引起人们注意。从人性化的角度来说，要求建筑内部空间尺度亲切宜人，遮荫蔽雨的效果好，视野开阔，座椅等配套休息设施使用起来舒服。不同的建筑及构筑物设计的方式也应根据功能不同而适宜安排，如小卖部要考虑选址及为大众服务的宗旨；雕塑要符合公园的主题和人的美感需求等。

我国城市目前正处于快速发展建设的过程中，城市合理的绿化景观规划，合理设置公共绿地，生产绿地和风景林地等是广大学者研究的一件大事。可见，城市公园的合理规划设计是城市公共绿地的重要组成部分，同时也是城市化进程中的重中之重，如何为城市居民提供更舒适宜人的生存环境是生态城市发展的重要课题。

三、城市公园水景设计方法

水是万物之源，它不仅是人们生存的必需品，还可以通过不同的设计方式创造出不同的环境气氛，给人们带来精神上的愉悦。就水本身而言，它具有透明性、反射性、折射性等特征，同时可呈现出不同的色彩和动感的声音，正因水的这些特殊的性能，使之成为景观设计最理想的元素。

（一）水景的功能

水是公园中最普遍的景观，同时也是最为重要的景观。公园的规模无论大小，只要有水，无论水的面积大小、形状如何，如一个普通的喷泉、一条弯曲的溪流，便可创造出一处视觉焦点。水是公园设计中最令人激动的元素，可以为人们提供感知、运动、阳光以及不断变化的倒影等生动景观。对于日益忙碌、精神压力较大的现代人来说，结束了一天紧张的工作后，还有能比置身于波光粼粼的水边更让人放松的吗？同时水景设计也符合现代以最小的努力获得最大效果的造园经济理念。

水景在园林空间中不仅起到了对整体景观的装饰作用，而且还能为一大批适宜生长在潮湿环境、水下或水面的植物提供极佳的生存环境。沼泽植物包括的种类较多，比如睡莲、海芋百合、灯心草等都有美丽的花朵或叶片，可以为花园增添无限生机。在花园中设计一个水池或池塘，虽然只是小面积水面，却能向人们展示一幅美丽的风景。另外，在池塘里养鱼或是其他水生物是营造动态水景观的理想选择，不仅能为花园增添丰富的景观内容，还能为人们提供积极的、具有生命感的景观环境。

此外，水景有利于对场地的真实大小和形状进行掩饰。当使用电动水泵时，这种掩饰作用进一步发挥，并可以制造出喷泉、瀑布、溪流等景观，使花园充满"不见其物，先闻其声"的意境。当一个大型的岩石瀑布或不锈钢跌水建造于一个大花园中时，便形成了整个景观的高潮，成为人们的视觉观赏焦点。

由此看来，水不仅能以其不同的形态创造出各种各样的景观，创造出整个花园的视觉焦点，而且还对人们的健康有益。另外，水景的设计风格也十分重要，影响着花园其他景观的设计和整个花园景观氛围的营造。

（二）公园中的水景类型

水景是园林景观构成的重要组成部分，根据水体的不同形态，园林中的水景可以分成以下几类：①水体因压力而向上喷，形成各种各样的喷泉、涌泉、喷雾等，总称"喷水"；②水体因重力而下跌，高度突然下降，形成各种各样的瀑布、水帘等，称作"跌水"；③水体因重力流动，形成各种溪流、旋涡，总称"流水"；④水面不受任何影响，自然平静，称"池水"。

喷水是水向上喷涌而创造出的水的动感形态，它的载体有喷泉、涌泉、水管等，千变万化，可以创造出非常美妙的园林景观。喷泉最初的类型很简单，只有单线喷射，之后又发展出直上喷、抛物线喷、面壁喷，甚至出现了蒲公英花形、蘑菇形等各种极具特色的花样喷，还有柱形、锥形高低喷柱，为园林营造出具有多种多样动感形态的水体景观。

喷涌是指水体由下向上喷涌而出的一种水态，也是地下泉水向上喷涌的一种自然形态，这种喷泉形式能够根据人们长期以来积累的经验创作出多种不同的载体，从而也产生水体本身喷涌形态的千变万化。

最常见的简单的喷泉是以单线或多线的喷眼逐步间歇地喷出，最后达到丰满、完整的喷泉形式。有的则由水线化作喷雾，做到定时、定量，或借助自然界的风在空中飘浮，形成缥缈的雾景。随着喷泉形式的发展和改造，又出现滚动式、移动式等水体形态。滚动式喷泉利用敧器（一种传统的灌溉用汲水罐器），水满则倒掉，时而东，时而西，增加了喷水灵活变动的情趣。移动式喷泉一般在公园内的广场上以各种单线成排成行的形式布置，由外向内或由内向外作间歇式的位移，最后则全部开放所有喷泉，达到整个空间全面集中喷出的水域高潮，至喷水停止，完全平息后又重新喷射，周而复始地继续间歇、位移。这些形态各异的喷泉，配以优美的音乐，构成一种美丽的景观，也是目前最时尚、最吸引大众关注的音乐喷泉。每当夜幕降临时，音乐喷泉在周围的一片黑暗中映射出五光十色、水舞雀跃的梦境，成为园林中最美的水景景观设计。

跌水景观是水体由上向下坠落，创造出瓢泼大雨或蒙蒙细雨般的自然状态的景观。人工跌水水态最常见的是瀑布和水帘，这些景观往往使人产生刺激、恐惧、观赏、聆听、遐想的反应，成为园林中最富诗情画意的水景。

瀑布的鲜明特点是充分利用了山石的布局、位置、高差变化等，使水产生动态的气势。根据水体的宽度、流量等，瀑布又可分为线瀑、帘瀑。公园中瀑布水景虽然不多见，但把山石叠高，下面挖成潭，水自上而下、击石四溅、若似飞珠、若似水帘，震撼人心的瀑布美景，令观赏者乐而忘返。

水帘是水量较小，分布均匀，水体透明如窗帘的一种水景，除应用在园林的景观设计中外，在城市的多种环境或建筑物中也可应用。在较多的情况下，水帘常用来表现一种朦胧美，甚至有时做成一种"假水帘"以获得增加景观层次与朦胧美的效果。

流水是由于水肆意流变而产生如水涛、旋涡、管流、溢流、泻流等多种水态。最常用的表现方式是溪涧、溪流、泉源等。溪涧的主要特点是水面狭窄而细长，水因势而流，水声悦耳动听。溪流是从山间流出的小股水流，是线形水态，由于受流域面积的制约，不同情况的溪流形态差异很大。有时很短，仅数米，有的可长达百里，但一般都是曲折流动的，或急流湍湍，或涓涓淙淙。溪水经过溪石的过滤，其杂质和污染都沉淀下来，因此溪水都十分清澈。加之溪旁两岸有自然生长的树木花草，形成树木苍翠、花草丛生的完美生态美景。

这种自然流动的水态，如果在人工园林中被引入或借鉴，再赋予其人文内涵，则构成富于变化、意味深长且文化意蕴高雅的水景。

公园中水面不受任何影响，以静态为主的水景主要表现为水池、渊潭、水景缸等。其中最为常见的是水池，几乎每个公园中都有适宜尺度的小水池，水池内养鱼或种植水生植物等，不仅可以营造出一个景观视觉焦点，也影响和浸染着整园的景观氛围。

（三）公园水景设计

水是人类生命的源泉，公园里的水体可以调节空气湿度和温度，净化空气。在公园中适当地设置水体，是以人为本思想的体现。人性化的水景设计中，首先要考虑的是安全性，要对池岸和水体深度进行控制，处理成浅水或设置深水防护措施，保证游人的安全。同时，结合不同年龄的不同要求，设置不同的具有亲和力的水景，如涉水池、旱喷泉、水台阶、水流雕塑等，使人能与水亲密接触，增加空间活力。

利用水所能产生的不同形态形成了各种各样的水景。那么每种形态不同的水景，其设计方法也有着一定的差异。

公园中的水景设计除了本身形态的设计外，还要注意与水景植物的配置。园林中水池、湖泊、河川的植物配置，既要符合水体植物的生长环境，又要创造出景观的层次深度。水边配置的植物一般选择喜潮耐水、姿态优美、色彩明艳的乔木和灌木类，或构成主景，或与花草、石块等结合装饰驳岸，水中要栽植一些适宜生长在水中的花木或色叶木以丰富水景。

毋庸置疑，水是所有园林设计师和规划师在设计创作中应用的最基本的一种造景要素，它不仅能够通过无穷无尽侵蚀的力量塑造硬质景观，并且可以通过对植被的滋养创造柔性景观。公园作为现代城市的开放空间，水景设计尤为重要，特别是当水与光效、声效结合造景时，能使水景场所变得生机勃勃，令人流连忘返。

四、城市园林植物的功能

城市园林植物的功能可以概括为以下几个方面。

①生态环保：表现为净化空气、防治污染、防风固沙、保持水土、改善小气候以及环境监测等方面。

②空间构筑：与室内空间相对应，植物可以用于空间的界定、分隔、围护以及拓展等方面。

③美学观赏：植物作为四大构景要素之一，能够优化美化环境，给人以美的享受。

④经济效益：植物还能够产生巨大的直接和间接的经济效益。

设计师应该在拿捏植物观赏特性和生态学属性的基础上，对植物加以合理利用，从而最大限度地发挥植物的效益。

(一) 植物生态环保功能

1. 保护和改善环境

植物保护和改善环境的功能主要表现在净化空气、杀菌、通风防风、固沙、防治土壤污染、净化污水等多个方面。

(1) 碳氧平衡（固碳释氧）

绿色植物就像一个天然的氧气加工厂——通过光合作用吸收 CO_2，释放 O_2，调节大气中的 CO_2 和 O_2 的比例平衡。有关资料表明，每公顷绿地每天能吸收 $900kgCO_2$，生产 $600kgO_2$，每公顷阔叶林在生长季节每天可吸收 $1000kgCO_2$，生产 $750kgO_2$，供 1000 人呼吸所需要；生长良好的草坪，每公顷每小时可吸收 $CO_2 15kg$，而每人每小时呼出的 CO_2 约 $38g$，所以在白天如有 $25m^2$ 的草坪或 $10m^2$ 的树林就基本可以把一个人呼出的 CO_2 吸收。因此，一般城市中每人至少应有 $25m^2$ 的草坪或 $10m^2$ 的树林，才能调节空气中 CO_2 和 O_2 的比例平衡，使空气保持清新。如考虑到城市中工业生产对 CO_2 和 O_2 比例平衡的影响，则绿地的指标应大于以上要求。此外，不同类型的植物以及不同的配置模式其固碳释氧的能力各不相同。

（2）吸收有害气体

污染空气和危害人体健康的有毒有害气体种类很多，主要有 SO_2、NOx、HF、NH_3、Hg、Pb 等。在一定浓度下，有许多种类的植物对它们具有吸收和净化功能，但植物吸收有害气体的能力各有差别。

需要注意的是，"吸毒能力"和"抗毒能力"并不一定统一，比如美青杨吸收 SO_2 的量达到 $369.54mg/m^2$，但是叶片会出现大块的烧伤，所以美青杨的吸毒能力强，但是抗毒能力弱，而桑树吸收 SO_2 的量为 $104.77mg/m^2$，叶面几乎没有伤害，所以它的吸毒能力弱，但抗性却较强，这一点在选用植物时应该注意。

（3）吸收放射性物质

树木本身不但可以阻隔放射性物质和辐射的传播，而且可以起到过滤和吸收的作用。根据测定，栎树林可吸收 1500 拉德的中子——玛混合辐射，并能正常生长。所以在有放射性污染的地段设置特殊的防护林带，在一定程度上可以防御或者减少放射性污染产生的危害。通常常绿阔叶树种比针叶树种吸收放射性污染的能力强，仙人掌、宝石花、景天等多肉植物、栎树、鸭跖草等也有较强的吸收放射性污染的能力。

（4）滞尘

虽然细颗粒物只是地球大气成分中含量很少的部分，但它对空气质量、能见度等有很重要的影响。大气中直径小于或等于 2.5 微米的颗粒物称为可入肺颗粒物，即 Pm2.5，其化学成分主要包括 OC、EC、硝酸盐、硫酸盐、Na^+ 等。与较粗的大气颗粒物相比，细颗粒物粒径小，富含大量的有毒、有害物质，且在大气中的停留时间长、输送距离远，因而对人体健康和大气环境质量的影响更大。

能吸收大气中 Pm2.5，阻滞尘埃和吸收有害气体，能减轻空气污染的植物被称为 Pm2.5 植物。这些植物具有以下特征：其一，植物的叶片粗糙，或有褶皱，或有绒毛，或附着蜡质，或分泌黏液，可吸滞粉尘；其二，能吸收和转化有毒物质能力，吸附空气中的硫、铅等金属和非金属；其三，植物叶片的蒸腾作用增大了空气的湿度，尘土不容易漂浮。

吸滞粉尘能力强的园林树种分为以下几方面：

北方地区：刺槐、沙枣、国槐、白榆、核桃、毛白杨、构树、板栗、臭椿、侧柏、华山松、木槿、大叶黄杨、紫薇等。

中部地区：白榆、朴树、梧桐、悬铃木、女贞、重阳木、广玉兰、三角枫、桑树、夹竹桃等。

南方地区：构树、桑树、鸡蛋花、刺桐、羽叶垂花树、苦楝、黄葛榕、高山榕、桂花、月季、夹竹桃、珊瑚兰等。

（5）杀菌某些植物的分泌物具有杀菌作用

绿叶植物大多能分泌出一种杀灭细菌、病毒、真菌的挥发性物质，如侧柏、柏木、圆柏、垂柳、臭椿以及蔷薇属植物等。除此之外，芳香植物大多具有杀菌的效能。

无论是城市空间，还是庭院、公园、居住区，都需要组织好通风渠道或者通风的廊道，即"风道"。城市通风廊道是利用风的流体特性，将市郊新鲜洁净的空气导入城市，市区内的原空气与新鲜空气经湿热混合之后，在风压的作用下导出市区，从而使城市大气良性循环运转。在城市建设中营造通风廊道有利于城市内外空气循环、缓解热岛效应，同时也是利用自然条件在城市层面上的一种节能设计措施。城市绿地与道路、水系结合是构成风道的主要形式，通常进气通道的设置一般与城市主导风向成一定夹角，并以草坪、低矮的植物为主，城市排气通道则应尽量与城市主导风向一致。另外，由于城市热岛效应的存在，如果在城市郊区设置大片的绿地，则在城市与郊区之间就会形成对流，可以降低城市温度、加速污染物的扩散。现今，很多城市都非常重视城市通风廊道的规划和建设，比如武汉市规划有六条生态绿色走廊，构成了六条"风道"，最窄二三公里，最宽十几公里，它能使武汉夏季最高温度平均下降 1～2℃。[①] 南京市也规划有六条"风道",即利用山体河谷等自然条件建设的六条生态带。南京冬季以东北风为主,夏季以东南风为主,这些生态带的走向基本与这两个风向一致。

一个城市需要设置通风廊道,对于一处庭院、园区或者居住区,也是一样,在夏季主导风向设置绿地、水面,场地内部根据主导风间布置道路绿带、形成释氧绿地和通风通道。

①防风

由植物构成的防风林带可以有效地阻挡冬季寒风或海风的侵袭,经测定,防风林的防风效果与林带的结构以及防护距离有着直接的关系,疏透度为 50% 左右的林带防风效果最佳,而并非林带越密越好。

②防火

防范和控制森林火灾的发生,特别是森林大火的发生,最有效的办法是在容易起火的田林交界、入山道路营造生物防火林带,变被动防火为主动防火,不但能节约大笔的防火经费,而且能优化改善林木结构。经过多年的实践,人们逐渐筛选出一些具有防火功能的植物,它们都具有含树脂少、不易燃、萌芽力强等特点,而且着火时不会产生火焰。

常用的防火树种有:刺槐、核桃、加杨、青杨、银杏、荷木、珊瑚树、大叶黄杨等。

植物的水土保持功能最主要的应用就是护坡,与石砌护坡相比,植物护坡美观、生态、环保、成本低廉,所以现在植物护坡也越来越普遍。园林绿化施工中,护坡绿化难度相对较大,尤其是超过 30°的斜坡,土壤较瘠薄、保水力下降,必然影响到植物成活和长势。所以,护坡植物一定要耐干旱、耐贫瘠、适应性强,并且在栽植的过程中,还要与现代的施工技术相结合,保证植物的生长。

(6)减弱噪声——通过枝叶的反射,阻止声波穿过

植物消减噪声的效果相当明显,据测定,10m 宽的林带可以减弱

---

① 余凤生,万聪,张勇. 生态绿楔的规划和建设——以武汉市府河绿楔为例 [J]. 园林,2016 (9):38—42.

噪声 30％，草坪可使噪声降低 4dB，住宅用攀援植物，如爬山虎、常春藤等进行垂直绿化时，噪声可减少约 50％。

经测定，隔音林带在城区以 6m～15m 最佳，郊区以 15m～30m 为宜，林带中心高度为 10m 以上，林带边沿至声源距离 6m～15m 最好，结构以乔灌草相结合最佳。通常高大、枝叶密集的树种隔音效果较好，比如雪松、桧柏、龙柏等。

(7) 生态修复

人们发现植物可以吸收、转化、清除或降解土壤中的污染物，所以现阶段对于利用"植物修复"技术治理土壤污染的研究越来越多。"植物修复"技术的具体操作是将某种特定的植物种植在污染的土壤上，而该种植物对土壤中的污染物具有特殊的吸收、富集能力，将植物收获并进行妥善处理（如灰化回收）后可将该种污染物移出土壤，达到污染治理与生态修复的目的。

利用植物来净化污水也是现今较为经济有效的方法之一。普遍认为漂浮植物吸收能力强于挺水植物，而沉水植物最差；与木本植物相比单本植物对污水中的污染物具有较高的去除率；科学家还发现，一些水生和沼生植物如凤眼莲（又叫凤眼兰或水葫芦）、水浮莲、水风信子、菱角、芦苇和蒲草等，能从污水中吸收金、银、汞、铅、银等重金属，可用来净化水中有害金属，由植物组成的种植床可以有效地吸收水中的重金属等污染物质。

据测定，$1hm^2$ 凤眼莲 1 天内可从污水中吸收银 1.25kg，吸收金、铅、镍、镉、汞等有毒重金属 2.175kg；$1hm^2$ 水浮莲每 4 天就可从污水中吸收 1.125kg 的汞。植物不仅可吸收污水中的有害物质，而且还有许多植物能分泌一些特殊的化学物质，与水中的污染物发生化学反应，将有害物质变为无害物质。还有一些植物所分泌的化学物质具有杀菌作用，使污水中的细菌大大减少，比如水葱、水生薄荷和田蓟等都具有很强的杀菌本领。

2. 环境监测与指示植物

科学家通过观察发现，植物对污染物的抗性有很大差异，有些植物十分敏感，在很低浓度下就会受害，而有些植物在较高浓度下也不受害或受害很轻。因此，人们可以利用某些植物对特定污染物的敏感性监测环境污染的状况。利用植物这一报警器，简单方便，既监测了污染，又美化了环境，可谓一举两得。

由于植物生活环境固定，并与生存环境有一定的对应性，所以植物可以指示环境的状况。那些对环境中的一个因素或某几个因素的综合作用具有指示作用的植物或植物群落被称为指示植物，按指示对象可分为以下几类。

（1）土壤指示植物

如杜鹃、铁芒箕（狼箕）、杉木、油茶、马尾松等是酸性土壤的指示植物；柏木为石灰性土壤的指示植物；多种碱蓬是强盐渍化土壤的指示植物；马桑为碱性土壤的指示植物；荨草是富氮土壤的指示植物。

（2）气候指示植物

气候指示植物如椰子开花是热带气候的标志。

（3）矿物指示植物

矿物指示植物如海州香薷是铜矿的指示植物。

（4）潜水指示植物

潜水指示植物可指示潜水埋藏的深度、水质及矿化度、如柳属是淡潜水的指示植物，骆驼刺为微咸潜水的指示植物。

此外，植物的其他特征，如花的颜色、生态类群、年轮、畸形变异、化学成分等也具有指示某种生态条件的作用。

（二）植物的空间建筑功能

1. 空间的类型及植物的选择

根据人们视线的通透程度可将植物构筑的空间分为开敞空间、半开敞空间、封闭空间三种类型，不同的空间需要选择不同的植物，具体内容如表4－1所示。

表 4-1 空间的类型与植物的选择

空间类型	空间特点	选用的植物	适用范围	空间感受
开敞空间	人的视线高于四周景物的植物空间，视线通透，视野辽阔	低矮的灌木、地被植物、花卉、草坪	开放式绿地、城市公园、广场等	轻松、自由
半开敞空间	四周不完全开敞，有部分视角用植物遮挡	高大的乔木、中等灌木	入口处，局部景观不佳，开敞空间到封闭空间的过渡区域	若即若离、神秘
封闭空间	植物高过人的视线，使人的视线受到制约	高灌木、分枝点低的乔木	小庭院、休息区、独处空间	亲切、宁静

2. 植物的空间构筑功能

（1）利用植物创造空间

与建筑材料构成室内空间一样，在户外植物往往充当地面、天花板、围墙、门窗等作用，其建筑功能主要表现在空间围合、分隔和界定等方面。

（2）利用植物组织空间

在园林设计中，除了利用植物组合创造一系列不同的空间之外，有时还需要利用植物进行空间承接和过渡——植物如同建筑中的门、窗、墙体一样，为人们创造一个个"房间"，并引导人们在其中穿行。

（三）美学观赏功能

植物的美学观赏功能也就是植物美学特性的具体展示和应用，其主要表现为利用植物美化环境、构成主景、形成配景等方面。

1. 主景

植物本身就是一道风景，尤其是一些形状奇特、色彩丰富的植物更会引起人们的注意。应该说，每一种植物都拥有这样的"潜质"，问题是设计师是否能够发现并加以合理利用。比如在草坪中，一株花满枝头的紫薇就会成为视觉焦点；一株低矮的红枫在绿色背景下会让人眼前一亮；在阴暗角落，几株玉簪会令人赏心悦目……也就是说，作为主景的，可以是单株植物，也可以是一组植物，景观上或者以造型取胜，或者以叶色、花色等夺人眼球，或者以数量形成视觉冲击性。

2. 障景之景屏

古典园林讲究"山穷水尽、柳暗花明"，通过障景，使得视线无法通达，利用人的好奇心，引导游人继续前行，探究屏障之后的景物，即所谓引景。其实障景的同时就起到了引景的作用，而要达到引景的效果就需要借助障景的手法，两者密不可分。

在景观创造的过程中，尽管植物往往同时担当障景与引景的作用，但面对不同的状况，某一功能也可能成为主导，相应的所选植物也会有所不同。比如在视线所及之处景观效果不佳，或者有不希望游人看到物体，在这个方向上栽植的植物主要承担"屏障"的作用，而这个"景"一般是"引"不得的，所以应该选择枝叶茂密、阻隔作用较好的植物，并且最好是一些常绿色针叶植物，而应应该是最佳的选择，比如云杉、桧柏、侧柏等就比较适合。

（四）植物的经济学功能

无论是日常生活，还是工业生产，植物一直在为人类无私地奉献着，植物作为建筑、食品、化工等的主要原料，产生了巨大的直接经济效益；通过保护、优化环境，植物又创造了巨大的间接经济效益。如此看来，如果人们在利用植物美化、优化环境的同时，又能获取一定的经济效益。园林植物景观的创造应该是满足生态、观赏等各方面需要的基础上，尽量提高其经济效益。

在景观设计中，尤其是植物景观设计中，应该首先明确各处需要植物承担的功能，再有针对性地选择相应的植物或者植物组团，以保证景观达到预期效果。

五、园林植物景观设计

（一）植物造景的原则

1. 园林植物选择的原则

（1）以乡土植物为主，适当引种外来植物

乡土植物指原产于本地区或通过长期引种、栽培和繁殖已经非常适应本地区的气候和生态环境、生长良好的一类植物。与其他植物相比，乡土植物具有很多的优点。

①实用性强

乡土植物可食用、药用，可提取香料，可作为化工、造纸、建筑原材料以及绿化观赏。

②适应性强

乡土植物适应本地区的自然环境条件，抗污染、抗病虫害能力强，在涵养水分、保持水土、降温增湿、吸尘杀菌、绿化观赏等环境保护和美化中发挥了主导作用。

③代表性强

乡土植物尤其是乡土树种，能够体现当地植物区系特色，代表当地的自然风貌。

④文化性强

乡土植物的应用历史较长，许多植物被赋予一些民间传说和典故，具有丰富的文化底蕴。

此外，乡土植物具有繁殖容易、生产快、应用范围广，安全、廉价、养护成本低等特点，具有较高的推广意义和实际应用价值，因此在设计中，乡土植物的使用比例应该不小于70%。

在植物品种的选择中，以乡土植物为主，可以适当引入外来的或者新的植物品种，丰富当地的植物景观。

比如我国北方高寒地带有着极其丰富的早春抗寒野生花卉种质资源，据统计，大、小兴安岭林区有1300多种耐寒、观赏价值高的植物，如冰凉花（又称冰里花、侧金盏花）在哈尔滨3月中旬开花，遇雪更加艳丽，毫无冻害，另外大花杓兰、白头翁、翠南报春、荷青花等从3月中旬也开始陆续开花。尽管在东北地区无法达到四季有花，但这些野生花卉材料的引入却可将观花期提前2个月，延长植物的观花期和绿色期。应该注意的是，在引种过程中，以自然规律为前提。

（2）以基地条件为依据，选择适合的园林绿化植物

北魏贾思勰在《齐民要术》中曾阐述："地势有良薄，山、泽有异

宜。顺天时，量地利，则用力少而成功多，任情返道，劳而无获。"这说明植物的选择应以基地条件为依据，即"适地适树"原则，这是选择园林植物的一项基本原则。要做到这一点必须从两方面入手，其一是对当地的立地条件进行深入细致的调查分析，包括当地的温度、湿度、水文、地质、植被、土壤等条件；其二是对植物的生物学、生态学特性进行深入的调查研究，确定植物正常生长所需的环境因子。一般来讲，乡土植物比较容易适应当地的立地条件，但对于引种植物则不然，所以引种植物在大面积应用之前一定要做引种试验，确保万无一失才可以加以推广。

另外，现状条件还包括一些非自然条件，比如人工设施、使用人群、绿地性质等，在选择植物的时候还要结合这些具体的要求选择植物种类，例如行道树应选择分枝点高、易成活、生长快、适应城市环境、耐修剪、耐烟尘的树种，除此之外还应该满足行人遮阴的需要；再如纪念性园林的植物应选择具有某种象征意义的树种或者与纪念主题有关的树种等。

2. 植物景观的配置原则

(1) 自然原则

在植物的选择方面，尽量以自然生长状态为主，在配置中要以自然植物群落构成为依据，模仿自然群落组合方式和配置形式，合理选择配置植物，避免单一物种、整齐划一的配置形式，做到"师法自然""虽由人作，宛自天开"。

(2) 生态原则

在植物材料的选择、树种的搭配等方面必须最大限度地以改善生态环境、提高生态质量为出发点，也应该尽量多地选择和使用乡土树种，创造出稳定的植物群落；以生态学理论为基础，在充分掌握植物的生物学、生态学特性的基础上合理布局，科学搭配，使各种植物和谐共存，植物群落稳定发展，从而发挥最大的生态效益。

（二）植物配置方式

1. 自然式

中国古典园林的植物配置以自然式为主，自然式的植物配置方法，多选外形美观、自然的植物品种，以不相等的株行距进行配置，自然式的植物配置形式令人感觉放松、惬意。

2. 规则式

相对于自然式而言，规则式的植物配置往往选择形状规整的植物，按照相等的株行距进行栽植。

（三）园林植物景观设计方法

1. 树木的配置方法

（1）孤植（单株/丛）

树木的单株或单丛栽植称为孤植，孤植树有两种类型，一种是与园林艺术构图相结合的庇荫树，另一种单纯作为孤赏树应用。前者往往选择体型高大、枝叶茂密、姿态优美的乔木，如银杏、槐、榕、樟、悬铃木等。而后裔更加注重孤植树的观赏价值，如白皮松、白桦等具有斑驳的树干；枫香、元宝枫、鸡爪槭、乌桕等具有鲜艳的秋叶；凤凰木、樱花、紫薇、梅、广玉兰、柿、柑橘等拥有鲜亮的花、果……总之，孤植树作为景观主体、视觉焦点，一定要具有与众不同的观赏效果，能够起到画龙点睛的作用。

（2）对植（两株/丛）

对植多用于公园、建筑的出入口两旁或纪念物、蹬道台阶、桥头、园林小品两侧，既可以烘托主景，也可以形成配景、夹景。对植往往选择外形整齐、美观的植物，如桧柏、云杉、侧柏、南洋杉、银杏、龙爪槐等，按照构图形式对植可分为对称式和非对称式两种方式。

①对称式对植

以主体景观的轴线为对称轴，对称种植两株（丛）品种、大小、高度一致的植物。对称式对植的两株植物大小、形态、造型需要相似，以保证景观效果的统一。

②非对称式对植

两株或两丛植物在主轴线两侧按照中心构图法或者杠杆均衡法进行配置，形成动态的平衡。需要注意的是，非对称式对植的两株（丛）植物的动势要向着轴线方向，形成左右均衡、相互呼应的状态。与对称式对植相比，非对称式对植要灵活许多。

2. 草坪、地被的配置方法

（1）草坪

①草坪的分类

按照所使用的材料，草坪可以分为纯一草坪、混合草坪以及缀花草坪。缀花草坪又分为纯野花矮生组合、野花与草坪组合两类，其中矮生组合采用多种株高30cm以下的一二年生及多年生品种组成，专门满足对株高有严格要求的场所应用。

如果按照功能进行分类，可以分为游憩草坪、观赏草坪、运动场草坪、交通安全草坪以及护坡草坪等。

②草坪景观的设计

草坪空间能形成开阔的视野，增加景观层次，并能充分表现地形美，一般铺植在建筑物周围、广场、运动场、林间空地等，供观赏、游玩或作为运动场地之用。

（2）地被植物

地被植物具有品种多、抗性强、管理粗放等优点，并能够调节气候、组织空间、美化环境、吸引昆虫……因此，地被植物在园林中的应用越来越广泛。

①地被植物的分类

园林意义上的地被植物除了众多矮生草本植物外，还包括许多茎叶密集、生长低矮或匍匐型的矮生灌木、竹类及具有蔓生特性的藤本植物等。

②地被植物的适用范围

需要保持视野开阔的非活动场地；阻止游人进入的场地；可能会出现水土流失，并且很少有人使用的坡面，比如高速公路边坡等；栽培条件较差的场地，如沙石地、林下、风口、建筑北侧等；有需要绿色基底衬托的景观，希望获得自然野化的效果，如某些郊野公园、湿地公园、风景区、自然保护区等。

（四）植物造型景观设计

所谓植物造型是指通过人工修剪、整形，或者利用特殊容器、栽植设备创造出非自然的植物艺术形式。植物造型更多的是强调人的作用，有着明显的人工痕迹，由于其选型奇特、灵活多样，植物造型景现在现代园林中的使用越来越广泛。

1. 绿篱

绿篱又称为植篱或生篱，是用乔木或灌木密植成行而形成的篱垣。

（1）绿篱的分类

按照外观形态及后期养护管理方式绿篱分为规则式和自然式两种。前者外形整齐，需要定期进行整形修剪，以保持体形外貌；后者形态自然随性，一般只施加少量的调节生长势的修剪即可。

按照高度，绿篱可以分为矮篱、中篱、高篱、绿墙等几种类型。

此外，现在绿篱的植物材料也越来越丰富，除了传统的常绿植物，如桧柏、侧柏等，还出现了由花灌木组成的花篱，由色叶植物组成的色叶篱，比如北方河流或者郊区道路两旁栽植由火炬树组成的彩叶篱，秋季红叶片片，分为鲜亮。

（2）绿篱设计的注意事项

第一，植物材料的选择。绿篱植物的选择应该符合以下条件：①在密植情况下可正常生长；②枝叶茂密，叶小而具有光泽；③萌蘖力强、愈伤力强，耐修剪；④整体生长不是特别旺盛，以减少修剪的次数；⑤耐阴力强；⑥病虫害少；⑦繁殖简单方便，有充足的苗源。

第二，绿篱种类的选择。应该根据景观的风格（规则式还是自然式）、空间类型（全封闭空间、半封闭空间、开敞空间）选择适宜的绿篱类型。另外，应该注意植物色彩，尤其是季相色彩的变化应与周围环境协调，绿篱如果作为背景，宜选择常绿、深色调的植物，而如果作为前景或主景，可选择花色、叶色鲜艳、季相变化明显的植物。

第三，绿篱形式的确定。被修剪成长方形的绿篱固然整齐，但也会显得过于单调，所以不妨换一个造型，比如可以设计成波浪形、锯齿形、城墙形等，或者将直线形栽植的绿篱变成"虚线"段，这些改变会使得景观环境规整中又不失灵动。

2. 花台、花池、花箱和花钵

（1）花台花台是一种明显高出地面的小型花坛，以植物的体形、花色以及花台造型等为观赏对象的植物景观形式。花台用砖、石、木、竹或者混凝土等材料砌筑台座，内部填入土壤，栽植花卉。花台的面积较小，一般为 5m² 左右，高度大于 0.5m，但不超过 1m，常设置于小型广场、庭园的中央或建筑物的周围以及道路两侧，也可与假山、围墙、建筑结合。

花台的选材、设计方法与花坛相似，由于面积较小，一个花台内通常只以一种花卉为主，形成某一花卉品种的"展示台"，由于花台高出地面，所以常选用株型低矮、枝繁叶茂并下垂的花卉，如矮牵牛、美女樱、天门冬、书带草等较为相宜，花台植物材料除一、二年生花卉、宿根及球根花卉外，也常使用木本花卉，如牡丹、月季、杜鹃花、迎春、凤尾竹、菲白竹等。

按照造型特点花台可分为规则式和自然式两类。规则式花台常用于规则的空间，为了形成丰富的景观效果，常采用多个不同规格的花台组合搭配。

自然式花台又被称为盆景式花台，顾名思义就是将整个花台视为一个大型的盆景，按制作盆景的艺术手法配置植物，常以松、竹、梅、杜鹃、牡丹等为主要植物材料，配以山石、小品等，构图简单、色彩朴素，以艺术造型和意境取胜。我国古典园林尤其是江南园林中常见用山石砌筑的花台，称为山石花台。因江南一带雨水较多，地下水位相对较高，一些传统名贵花木，如牡丹性喜高爽，要求有排水良好的土壤条件，采用花台的形式，可为植物的生长发育创造适宜的生态条件，同时山石花台与墙壁、假山等结合，也可以形成丰富的景观层次。

（2）花池

花池是利用砖、混凝土、石材、木头等材料砌筑池边，高度一般低于 0.5m，有时低于自然地坪，花池内部可以填充土壤直接栽植花木，也可放置盆栽花卉。花池的形状多数比较规则，花卉材料的运用以及图案的组合较为简单。花池设计应尽量选择株型整齐、低矮，花期较长的植物材料，如矮牵牛、宿根福禄考、鼠尾草、万寿菊等。

（3）花箱

花箱是用木、竹、塑料、金属等材料制成的专门用于栽植或摆放花木的小型容器，花箱的形式多种多样，可以是规则形状（正方体、棱台、圆柱等）。

（4）花钵

花钵是花卉种植或者摆放的容器，一般为半球形碗状或者倒棱台状，质地多为砂岩、泥、瓷、塑料、玻璃钢及木制品。按照风格划分，花钵分为古典和现代形式。古典式又分为欧式、地中海式和中式等多种风格。欧式花钵多为花瓶或者酒杯状，以花岗岩石材为主，雕刻有欧式传统图案；地中海式花钵是造型简单的陶罐；中式花钵多以花岗岩、木质材料为主，呈半球、倒圆台等形式，装饰有中式图案。现代式花钵多采用木质、砂岩、塑料、玻璃钢等材料，造型简洁，少有纹理。

其实，花台、花池、花箱、花钵就是一个小型的花坛，所以材料的选择、色彩的搭配、设计方法等与花坛比较近似，但某些细节稍有差异。

首先，它们的体量都比较小，所以在选择花卉材料时种类不应太多，应该控制在1～2种，并注意不同植物材料之间要有所对比，形成反差，不同花卉材料所占的面积应该有所差异，即应该有主有次。

其次，应该注意栽植容器的选择以及栽植容器与花卉材料组合搭配效果。通常是先根据环境、设计风格等确定容器的材质、式样、颜色，然后再根据容器的特征选择植物材料，比如方方正正的容器可以搭配植株整齐，如串儿红、鼠尾草、鸢尾、郁金香等；如果是球形或者不规则形状的容器则可以选择造型自然随意或者下垂型的植物，如天门冬、矮牵牛等；如果容器的材质粗糙或者古朴，最好选择野生的花卉品种，比如狼尾草；如果容器质感细腻、现代时尚一般宜选择枝叶细小、密集的栽培品种，如串儿红、鸡冠花、天门冬等。当然，以上所述并不完全绝对，一个方案往往受到许多因素的影响，即使是很小的规模也应该进行综合、全面的分析，在此基础上进行设计。

最后，还需要注意的是对于高于地面的花台、花池、花箱或者花钵，必须设计排水盲沟或者排水口。

六、城市公园的价值与功能

(一) 城市公园的价值

城市公园最初诞生于早期的工业化城市中，可以改善城市的环境和卫生，为市民提供优美的休闲娱乐场所。因此，城市公园是城市发展规划中不可缺少的一部分，应被纳入城市总体发展规划中，成为一种不可替代的公益性城市基础设施。

(二) 城市公园的生态性

城市公园对改善城市的生态环境具有重要的作用。如今，动物在城市中已经很难找到不被打扰的栖息地，而城市中由大中型的斑块组成的生物多样性保护廊道自然而然地就成了城市生物多样性保护的场所。现代城市公园是城市系统中最大的动植物资源丰富、生物链完善的地方，所以城市公园又被称为"城市呼吸系统"。

（三）城市公园的景观设计功能

城市公园可以提升城市的风貌形象，是城市景观设计的组成部分。因此，在现代城市规划设计中，可以将城市公园进行重组，丰富城市景观设计，彰显地域特色、风土民俗、城市风貌、人文历史等，为城市空间注入新鲜活力。

七、相关理论的实践与启示

随着社会的发展，优秀的城市公园景观设计为现代城市创造了功能合理、形象优美的城市空间，满足了现代城市多种活动的需要。从整体的公园入口、流线关系、园路、功能分区、植物配置，到每个空间场所中的公共设施、景观雕塑、导视系统、特色小品等，这些共同塑造了现代城市公园景观设计的空间和形体，满足了人们的物质需要和精神需要。

（一）城市景观的特征

城市景观的基础是空间设计，需要以艺术的手法，从绘画、雕塑、音乐及建筑等方面着手进行设计，城市景观是在城市漫长的发展过程中逐步形成的能反映出当地历史事迹、不同历史时期的政策以及社会群众的需求。每个地区都有其独特的文化底蕴，所以应根据不同地区的文化背景创新景观设计。此外，由于受到自然环境条件、城市发展水平以及城市社会文化背景的影响，各城市景观设计还呈现出与其他城市不同的结构布局和景观特点，以体现出本土的文化特色和特有的场所精神。

（二）生态可持续发展理论

景观设计应遵循可持续发展的理念，保证城市环境的健康与多样性发展，合理地进行开发与设计。此外，还要充分结合地域特色，保护当地的传统文化，从而促进人和生态相互包容、互利共赢，实现生态的可持续发展。

（三）评价标准

目前，在城市公园的景观设计中，需要对景观设计的质量建立一套完整的评价标准，并且将其贯穿于整个景观设计过程。因此，城市公园景观设计可以选择适宜容量的场地和宜人的空间环境，以满足市民的多样化需求。同时，景观设计的内部通道要便捷，要与自然的山体、水域相结合，空间内部还要能体现浓郁的文脉性和历史性等。

（四）美学核心

景观美学研究城市景观的审美特点和规律，探讨如何协调与组织城市景观设计中的各种要素，从而使城市景观设计成为人们赏心悦目的审美对象。景观美学与建筑美学同属于空间艺术美学范畴，相较于建筑美学研究的单体建筑特点与规律，景观美学更加侧重于建筑与建筑之间、建筑群体之间以及建筑与周边环境之间的和谐，追求的是一种城市形象的整体美。

（五）特色营造

地域特色在城市景观设计中的影响非常广泛。每个城市的独特风貌都有着极为深刻的社会文化内涵。例如，岭南城市景观设计中空间连接紧密的建筑和富有地域特色的骑楼，户与户紧密连接的巷道格局可以形成层次丰富的公共庭院。檐廊和骑楼往往是内部空间的延伸，是内与外的过渡空间，这种空间布局与南方多雨的气候有关。具有特色的城市景观蕴含着该地域的自然、人文等景观要素，可以用来展现城市整体的形象，丰富地域性景观，为城市建设带来巨大的生态效益。

第二节　城市广场景观设计

一、城市广场的功能与形式

（一）广场的功能与类型

广场作为城市的职能空间，通常具有组织集会、交通集散、居民游憩、商业买卖、文化交流等功能，另外，在广场上安排一些有纪念意义或具有文化特征的建筑物或小品设施，供人们在休闲和娱乐的同时还能享受到文化和艺术的熏陶。现在更多的广场则是结合广大市民的日常生活和休憩活动，满足居民对城市空间环境日益增长的审美艺术要求而兴建的，与历史的城市广场空间相比，更大程度上呈现出一种体现综合性功能的发展趋势。根据广场功能要求和空间特征的不同，广场又可分为文化广场、纪念性广场、交通集散广场、游憩集会广场、商业广场、街道广场、建筑广场等各种类型的广场。广场通常位于城市的中心区域或城市规划的节点上，因此，广场的设计往往能直接影响城市规划和城市景观的设计。

1. 文化广场

文化广场也称市民广场，是城市居民的行为场所，一般位于城市的核心区，或存在于城市较大规模的文化、娱乐活动中心建筑群中，为广大市民集会、公共活动、信息发布提供一个公共性质的交流平台。文化广场的周围一般围绕有各级政府行政办公建筑，如文化宫、美术馆、博物馆、展览馆、体育馆、图书馆等大型文化体育性公共建筑以及邮电局、银行、商场等公共服务性建筑。

文化广场是市民活动的中心区域，具有设置分散、服务便捷的特征。人们在广场上主要从事与文化有关的娱乐、学习等活动，例如文艺演出、自发性群体活动等。因此文化广场的设计要突出浓郁的文化气氛。相应地，广场上应配置露天舞台、音响、灯光、展窗等演出和观摩设施以及群众活动场所，另外由于文化广场上人流量较大，因此交通问题显得十分重要。当地政府部门不仅要处理好广场附近的交通路线问题，还要考虑与城市其他地区交通干道的合理衔接，保证广场上的人车集散，组织好人车流动线。

2. 交通广场

交通广场与城市的交通有着密切的关系，其主要功能是疏散、组织、引导交通流量和人流量，并有转换交通方式的功能。比如影剧院、展览馆前的广场均有交通集散的作用，它们有的偏重于解决人流集散，有的偏重于解决车流或货流的集散。交通广场除了解决交通问题之外，由于车辆及行人均相对较多，因此，广场上还应该设置足够的停车面积和行人活动面积，为满足行人出行过程中的各种需求，广场上还应配置座椅、餐厅、小卖部、公厕、书报厅、银行自动取款机等设施，为人们日常生活提供便利。

交通广场包括与城市道路相交的广场、车站广场、城市文化娱乐场所前的广场等，其中建于车站前的车站广场是最常见的一种交通广场类型。车站广场多与交通枢纽站相邻或相接，且与车站的出入口相通，从而更加有效地疏通车流和人流。车站广场的设计应考虑到人车分离的要求，以保证广场上的车辆畅通无阻，确保行人、乘客的安全以及他们出行的便利与快捷。此外，车站广场的设置还应该考虑与附近交通枢纽车站、汽车停车场等场所建筑出入口的位置关系。

3. 游憩集会广场

游憩集会广场是主要为市民提供集会、休闲、娱乐的室外活动空间。为满足平时人们休闲、娱乐、集会和游行等活动的需求，这类广场既要有相应的适宜游行的面积，又要划分出多个小环境空间，为市民提供适宜的休闲场所。另外，路灯、桌椅、书报电话亭、垃圾箱等也是广场上必不可少的公共设施。

4. 纪念性广场

纪念性广场是举行重要庆典活动或纪念仪式的场所。若是围绕在艺术或历史价值较高的建设或设施中而形成的建筑广场，通常具有一定的纪念性，也都归于纪念性广场的一类。

纪念性广场设计要求突出纪念主题，规划设计多采取中轴对称的布局，并注意等级序列关系以及用相应的标志、石碑、纪念馆等创造出与纪念主题一致的环境氛围，目的是强化纪念意义及给人们带来的感染力。因此，同时设置一些供人休息、活动的空间和公共设施也是非常有必要的，使人们既可以参观具有历史价值的建筑和历史文物等，又能体验到休闲、游玩的乐趣。

5. 商业、街道广场

商业广场是人们以进行商品买卖为主的城市空间，大多位于城市商业区，形成商品买卖市场。不仅能够有效地组织商业街区的人流，还为城市民众提供了生活空间。这类广场是附带着一系列的超市、餐厅、旅馆、百货商场、购物中心等商业建筑同时出现的，除此之外，广场上还应设有相应的休息区，以分散商场人流，提供间歇场所。

街道广场是为行人提供休息、等候的场所，是道路人行系统中不可缺少的组成部分。街道广场的景观设计一般都倾向于绿化空间，在广场上种植树木、花草，设置公共座椅、喷泉、雕塑等辅助设施和装饰物，使街道空间充满生活气息并具有艺术情调。

根据广场性质、功能以及空间特点等方面对广场进行了大致的分类后发现，广场的类别通常以某一个侧重的方面进行分类。例如某一个广场除了是城市的主要交通中心外，还是城市重要的休闲、游憩、集会场所，这种情况下，既可以说它是交通广场，又可以说它是休闲游憩广场，或者是集会广场。因此，广场作为城市中主要的职能空间，其功能之间是有相互联系的，广场的功能或多或少具有复合的特点，广场类型的确定通常是以占主导地位的活动类型来确定的。

（二）广场的形式

广场的形式也可以说是广场的形态，是建立在广场平面形状的基础之上的。通过这些不同形状的基面制造各种空间形态，以广场用地平面形状为依据，广场主要分为规则形和不规则形两种形式。关于广场的形式要根据广场所处的地理环境以及广场的功能、空间性质等各方面因素综合考虑确定。规则形广场用地比较规整，有明确清晰的轴线和对称的布局，一般主要建筑和视觉焦点都建在中心轴线上，次要建筑等对称分布在中轴线两侧。

规划形广场的具体形态包括矩形、圆形、正方形、梯形和不规则形等。

1. 矩形广场

矩形广场形态严谨，给人一种端庄、肃穆之感，因此举行重要庆典或纪念仪式活动的广场多采用矩形广场形式。矩形广场的设计一般是在广场的四周建各种建筑物，留一处或两处出入口与城市道路相接，形成封闭或半封闭的广场空间。广场上以轴线方向或其他标准布置雕塑、喷泉、绿带、花坛、纪念碑等小品，营造出美观的环境效果。

2. 圆形广场

圆形是几何图形中线条较为流畅的一种图形，而且具有其他图形不具备的向心性。圆形包括正圆和椭圆，中心可有无数条放射线向边沿发射，图形虽然相对简单，但却充满轻松、活泼之感。圆形广场同样具有圆形的这些特征。

圆形广场一般位于放射型道路的中心点上，周围由建筑物围合，与多条放射型道路相连，构成开敞的空间。与矩形广场相比，圆形广场轴线感并不是那么强烈，但却有着较强的圆润优美感，总能给人以轻松、活跃之感。圆形广场的视觉焦点在圆形的圆心，因此一般在广场中心布置的喷泉、雕塑、纪念碑等物往往会形成景观的焦点。为了使广场景观更加丰富，还可以将广场的平面设置成多个圆环相套的形式，形成圆环形布局。

3. 正方形广场

正方形方方正正，是几何图形中最规整的一种图形，是一种"理智"的象征。正方形广场具有很强的封闭性，给人一种严整的感觉，广场的中心即为正方形的中心，是人们视觉感知的主要区域。

4. 梯形广场

梯形好像是一个完整的矩形被切掉两个角一样，与矩形一样，有明显的轴线，可以看作是由矩形演变而来的一种规整图形。梯形广场四周建筑物的分布往往能给人一种主次分明的层次感。如果将建筑物布置在梯形的底边上，能产生距离人较近的效果，突出整座建筑物的宏伟。另外，梯形广场由于有两条斜边，人站在上面，视觉上会产生不同的透视效果。

5. 不规则形广场

不规则形广场是相对规则型广场而言的，一般是在某种地理条件、周围建筑物的状况以及长期的历史发展下形成的。不规则形广场既可以建在城市中心，也可以位于建筑前面、道路交叉口等位置，具体布局形式以结合地形综合考虑为准。

广场的形式主要分规则型和不规则形两大类，不同的广场形式往往也会形成不同的城市景观特色。广场的形式既是广场空间的具体表现，也是产生广场空间美的基础。广场的形式与广场的空间性质、特征以及广场的地理环境和设计思想等有着密不可分的内在关系，因此在对其进行设计时一定要从多方面综合考虑，集实用与审美于一体，将个体融入整个城市空间，并发挥其独特个性，使广场成为人们生活空间不可缺少的一部分。

二、城市广场景观要素

（一）人文景观要素——人的活动

在城市的不同地方应该设置一些广场。在城市里设置广场空间的必要性，同时也暗示了在这样的空间里不同事件、不同活动发生的可能性。由此可见，城市广场是人的活动发生地，这些活动赋予广场空间以性格，而城市广场便因此而获得它的社会价值。

1. 人的活动类型

关于人的活动类型有着不同的分类方式。化作为人的活动的发生地，在广场上可能发生的活动有经济性活动、社交性活动、休闲性活动。

（1）经济性活动

人类生存质量的提高依赖于一系列经济活动的保障，包括生产、贸易和交通活动。历史上，城市广场同样是这类经济活动的中心。

随着现代技术的出现，过去难以解决的大空间、室内采光通风都逐步成为现实，于是，户外的商业活动被越来越多地迁移至室内。另外，在众多城市中，商业和办公代替了原来建筑物上层的居住功能，于是，与广场密切相关的活动类型减少了，城市公共空间的意义正发生着变化。

(2) 社交性活动

城市广场是社会公共生活的结果。人在公共空间里的交往既是人的自然需求，也是人的基本权利。相对于个性和私密概念，广场空间的开放特性是集体和公共性的同义语，广场空间的围合特征则是安全感的标志，它象征着人共同的归属。无论贫富、社会地位的高低，人们在那里可以相遇，共同享受蓝天下的空气、阳光和自由。城市广场为人提供了一种自我实现的空间，成为公共生活的象征。

因此，城市的公共性广场经常被用来服务于社交活动。在这里，除了日常的聚会，还有许多特殊的活动如节日庆典、市民集会、婚庆等。

随着现代通信技术的发展，人们的社会交往方式也正发生着改变，许多曾经发生在广场上的活动经常成了人为维护的传统，正因为现代人日常交流的机会减少，人们更渴望公共生活，期盼社会交往。

(3) 休闲性活动

休闲活动的范围相当广泛，它与社交性活动有些相似之处，今天的许多社交活动都具有休闲性质，两者的本质差异在于休闲活动的非功利性、个性化和无组织性，而社交活动常常反映出政治、经济的目的。因此，休闲性活动在很长的历史时期内都缺少公共性特征。因此，休闲活动与城市广场并无本源联系，但它在现代城市公共空间中却扮演着举足轻重的角色，甚至成为影响现代城市广场发展的重要动力。

在当今自由、开放、多元的社会中，休闲已成为一个时代生活特征的写照。今天休闲成了广大市民追求的生活目标，休闲时间的多少也成了衡量人们的生活品质的重要标准。这种城市生活的演变使传统城市广场改变了性质、获得了新的面目，以适应现代生活的需求，休闲广场也正取代城市中心广场，成为城市建设的新的重点。

2. 人的活动对广场活力的影响

人的活动类型的分析反映出这些活动与城市广场空间的互动关系。

人们建造城市广场是为了满足人们的各种活动需求，广场上人的活动状态直接体现着广场的活力。因为一个受市民喜爱的、充满活力的城市广场必然引发众多市民长时间逗留，而市民对一个城市公共空间的喜爱程度反映在由这个空间所引发的，并由它提供了行为支持的活动的强度和多样化程度上，它们也是衡量一个城市广场是否具有活力的重要指标。

人的活动强度可以从活动参与者的数量以及活动持续的时间得以体现，它直接反映了市民对一个城市广场的接受程度。活动强度越高，市民对广场的喜爱程度越高，说明这个广场活力越高。

传统的城市广场一般都具有良好的可达性，而且地面多以硬质为主，可以满足众多市民集会的需求，因此大多具有高效的使用频率。当代城市休闲广场也将吸引人们在广场长时间逗留作为空间造型的首要目标，因此，空间亲和氛围的创造是现代城市广场建设的新趋向，是当今生活背景下提高活动强度的有力手段。

人的活动的多样化程度也反映着城市广场的活力。活动的多样化程度越高，广场对市民活动的支持程度越高，说明广场活力越强。前面提到的广场上可能发生的活动有经济性活动、社交性活动、休闲活动几大类，它们也是影响广场空间造型的几大因素。事实上，一个广场要吸引和支持所有这些活动是非常困难的，所以才出现了专门性质的广场，如纪念广场、商业广场及休闲广场等。因此，追求多样化活动、提高广场活力始终是追求的目标。

(二) 物质空间要素——空间与实体

1. 广场的空间实体要素

广场空间的物质实体分为三种：基面、边界和家具。三种元素的共同作用赋予广场空间形态和景观品质，三种元素的有机组织使发生在广场上丰富多彩的活动得到行为支撑。每一个元素都以自己的方式影响着广场上人的行为活动，在空间造型上不可分离。

(1) 基面

基面是建筑构成的基石，是空间造型的水平元素。在传统城市造型中，广场的基面一般就是地面，但是今天，随着城市空间的立体化，地面的概念逐步模糊，广场的基面可以是地下车库、地下商业街或者其他地下设施的屋顶，甚至也可以下沉空间模式出现。

关于基面的特征，一般从尺寸、形态、肌理、地形四个方面进行分析。

①尺寸

基面的尺寸即广场的大小。尺寸对于广场的空间感具有决定性意义，因为一个大型广场和一个小型广场给人的感受和舒适程度是完全不同的，太大会显空旷，太小会有压迫感。广场的空间造型首先决定于各元素之间的相互关系，因此尺寸大小是一个相对概念，重要的是适度。

②形态

形态赋予空间基本的性格，它与空间是直接对应的关系。一般来说，形态越简单，表现力越强，例如正方形、圆形、三角形、矩形和梯形等。其中，正方形称为理智的、稳定的形态，历来有着特殊的象征意义，常被人与天空的四个方向、四季等联系起来。

圆形是最简单的形，具有鲜明的向心性，是创造空间围合性的最佳形态，标志着封闭、内向和稳定。与正方形相比，它更加简洁彻底，非常适宜人的聚集以及展示，广场中央特别适合设置纪念物。

与正方形相比，矩形表现出明显的动感，并且主轴方向十分明确。另外还有三角形广场和梯形广场，其中三角形表现出富有动感甚至侵略性的特征。

③肌理

肌理涉及材料的选择、材料表面的处理方式、铺贴原则、色彩以及图案造型等，基面的肌理可以细化或强化空间效果。例如在实践中，大面积的广场基面常常被图案造型所分割，通过采用不同的材料和色彩获得较小的基面尺度感。视觉研究表明，基面的表面结构越细腻，广场空间就越显得宏大。通过对肌理造型进行处理，人们可以突出空间的轴向性，也可以创造空间的向心性。

④地形

地形是广场基面在竖向上的变化，往往依托现有的自然因素，或有目的进行设置，它对空间景观具有积极的影响。实践证明，一些非水平基面的广场会因观察者进入的方向不同而显现出不同的空间效果。例如从低处往高处走，空间表现出"权威"感；从高处往低处走，空间表现出"私密"和"安全"感。因此，许多重要建筑物都被设置在地势较高的一端以提升宏伟特征。

（2）边界

边界主要是指建筑的立面，即广场空间的轮廓。与基面的水平特征相对应，边界主要是竖向的空间围合元素，对广场空间的封闭性是决定性的。下面将从尺寸、形态、肌理、开口等方面对边界进行介绍。

①尺寸

尺寸（高低）决定了空间的封闭程度。一般来说，边界越高，空间封闭性越好；低的边界使广场空间显得宏大，高的边界使之显得狭小。值得一提的是，这种空间感受必须与基面大小结合起来观察，因为广场空间效果主要取决于其水平与垂直两个维度的比例关系。不同的比例，会产生不同的视觉效应。

在日常生活中，人们总是要求一种内聚、安定、亲切的环境，所以历史上许多好的城市广场空间高度与距离的比值均大体在1：2与1：3之间。

②形态

人们从不同的边界形式中总结出三种基本的类型：一是角柱限定的空间。二是边封闭、角开放的空间。三是角封闭、边开放的空间。这三种空间类型都有开口。然而第一种情况空间明显是非常开敞的；第二种情况空间显得封闭，但开放的角使它比第三种类型更加开放；第三种情况则具有最佳的围合性。可以看出，加强角部的分量有利于空间的围合性。

③肌理

肌理是边界的表面造型，因为广场的边界一般是建筑的立面，因此，边界的肌理主要是关于色彩、材质、几何构成、划分等不同的立面处理方式，它们大多呈现出具有立体或浮雕感的肌理，使广场空间获得一种新的尺度。

④开口

广场与城市结构紧密相关，广场的开口是联系城市与广场空间的桥梁，它决定了进入广场后行动路线的开端。因此开口的位置非常重要，不但要考虑交通的便捷，还要顾及广场的空间品质。例如一个矩形广场，从长边还是短边开口给人们的感受是完全不同的，从长边进入，显现出广场宽阔的特性，从短边进入，更像一个纵深广场。从视觉心理学角度看，开口的选择最好能使视线通向某个对景，朝内朝外都是如此。

（3）家具

家具的形式较多，如喷泉、艺术品、纪念物、路灯、座椅、树木、售货亭等。良好的家具设置可以将较大的广场划分为不同的活动区域，表现出亲切的、更具人性化的尺度。

家具也是广场活动重要的行为支撑，几乎所有的家具都具有明确的功能目的。可以看出，家具的设置是决定人们在广场逗留时间的决定因素，其吸引力非常重要，因此，一个复合、多样的家具设置非常有助于空间活动的多样性，从而提升广场的活力。

2. 空间实体要素对广场活力的影响

基面、边界和家具这三种实体要素从物质层面上构成了城市广场的空间，它们也以各自的方式影响着广场的景观品质和活力。一般来说，一个广场是否具有良好的景观品质，是否具有活力很大程度上体现在围合性和方向性两个方面。具体包括空间的封闭感、开放性、向心性和轴向性四个指标，不同性质、不同功能的广场对空间的围合性和方向性有不同的要求，表现出其各自的性格特征。

综合评价一个城市广场的景观品质和活力，往往需要将基面、边界、家具三方面因素综合考虑。

三、城市广场景观设计方法

(一) 设计原则

1. 满足人在广场中的行为心理

现代城市广场是为人们提供更方便、舒适地参与多样性活动的公共空间。因此，现代城市广场的规划设计更要贯彻以人为本的原则，主要就是对人在广场上活动的环境心理和行为特征进行研究。

人的行为心理是人与环境相关关系的基础和桥梁，是空间环境设计的依据和根本。心理学提供了这种空间环境中"人"的观点，根据人的需求层次的解释，把人在广场上的行为归纳为四个层次的需求。

一是生理需求，即最基本的需求，要求广场舒适、方便。

二是安全需求，要求广场能为自身的"个体领域"提供防卫的心理保证，防止外界对身体、精神等的潜在威胁，使人的行为不受周围的影响而保证个人行动的自由。

三是交往需求，这是人作为社会中一员的基本要求，也是社会生活的组成部分。每个人都有与他人交往的愿望，如在困难的时候希望得到帮助，在快乐的时候期待与人分享。

四是实现自我价值的需求，人们在公共场合中总希望能引人注目，引起他人的重视与尊重，甚至产生想表现自己的即时创造欲望，这是人的一种高级需求。

广场空间环境的创造就需要充分研究和把握人在广场中活动的行为心理，满足上述不同层次的要求，从而创造出与人的行为心理相一致的场所空间。

2. 城市空间体系分布的整体性

整体性包括功能整体和环境整体两个方面。所谓功能整体即是说一个广场应有其相对明确的功能和主题。在这个基础上，辅之以相配合的次要功能，这样广场才能主次分明，特色突出。环境整体性同样重要，一方面要考虑广场环境的历史文化内涵，时空的连续性、整体与局部、周边建筑的协调变化有致问题。更重要的是，作为城市空间环境有机组成部分的广场，往往是城市的标志，是城市开放空间体系中重要的节点。但是城市中的广场有功能、规模、性质、区位等区别，每一个广场只有正确认识自己的区位和性质，恰如其分地表达和实现其功能，才能共同形成城市开放空间的有机整体性。因此，对于不同功能、规模、区位的广场应从城市空间环境的角度进行全面把握。

例如城市中心广场，由于其重要的地理位置往往是大众共享的活动空间，它是人们感知一个城市的关键要素，是城市生活的缩影，因此必须具有城市中心的意义。这类广场往往尺度较大，具有功能多样化的特点，活动也体现出较高的强度和复合度。

如街道广场往往与城市道路相联系，大多以街道空间的局部拓展而形成，与城市街道具有自然而紧密的关系，在造型上也不拘泥于严格的几何特性。因此街道广场的城市性特征非常明显，其庞大的数量为城市开放空间体系的完整性和生动性提供了有力的支持，使城区空间完整有序而富有变化。

3. 可持续发展的生态设计

城市生态环境建设主要包括自然景观的生态性和文化的生态性建设两方面。

现代城市广场设计应从城市生态环境的整体出发，一方面，用园林设计的手法，通过融合、嵌入、缩微、美化、象征等手段，在点、线、面不同层次的空间领域内引入自然、再现自然，并与当地特定的生态条件和景观特点相适应，使人们在有限的空间中得以体会无限自然带来的自由、清新和愉悦。另一方面，城市广场设计要特别强调生态小环境的合理性，既要有充分的阳光，又要有足够的绿化，冬暖夏凉、趋利避害，为居民的活动创造宜人的空间环境，例如南京大行宫广场。

随着社会文化价值观念的更新，文化的生态性建设也越来越引起社会的关注。一部分有价值的历史文化、建筑文化得以积淀，如保存完好的古建筑、古迹等。这种对传统文化的继承延续着融入人类文化感情的历史文脉。随着信息社会的到来与科学技术的进步，现代城市广场的设计既要尊重传统、延续历史和文脉，又要有所创新。

4. 建设连续的步行环境

步行化既是现代城市广场的主要特征之一，也是城市广场的共享性和良好环境形成的必要前提。随着机动车日益占据城市交通的主导地位，广场的步行化更显得无比重要。广场空间和各种要素的组织应该支持人的行为，如保证广场活动与周边建筑及城市设施使用的连续性，在大型广场，还可以根据不同使用活动和主题考虑步行分区问题。

5. 突出个性特色

所谓个性特色是指广场在布局形态与空间环境方面所具有的与其他广场不同的内在本质和外部特征，其空间构成有赖于它的整体布局和六个要素，即建筑、空间、道路、绿地、地形与小品细部的塑造，同时应特别注意与城市整体环境的风格相协调。

6. 重视并融合公众参与

调动市民的参与性，首先要从需求出发，让广场关联到每个人，使更多人从更多方面参与到活动中来；其次是为人留有多种选择的自由性；最后是作为活动的空间载体，要有丰富的文化内涵，使人既能感受到文化的感染，又能积极参与文化意义的认知和理解活动，使广场具有永久的生命力。

公众参与体现了广场的设计创作过程充分了解民意、发挥市民群休智慧，使广场环境更具弹性和魅力。

(二) 设计方法

1. 广场与城市道路

作为城市中的广场，与城市道路的关系一般有三种，即广场本身作为城市道路，广场与城市道路相交，广场与城市道路脱离。

第一，广场作为城市道路大多涉及街道式广场的类型，一般这种广场需要容纳较大的交通量，其城市性特征十分明显，广场界面与城市街道界面的连续性处理是设计的关键。

第二，城市中的广场大都与道路呈相交的关系。这样，城市主路带来的较大交通量，使与城市主路直接相交的广场均或多或少受到强烈的过境交通的影响。在处理这类道路与广场的关系时，可以考虑将过境交通引导到广场边沿，并从此处经过保障广场环境的完整性。例如，南京火车站站前广场，利用立交桥将城市交通与广场分离，站前广场正对着玄武湖，远处的城市天际线清晰可见，广场空间最大限度地满足了行人的使用，成为南京市重要的城市门户名片。

第三，广场与城市主路是相互脱离的关系，除了直接与道路相交外，许多城市广场的设置使主要道路从广场空间的旁边经过。因为这种方式保证了广场与城市结构的紧密关系，广场显得封闭和安宁，相比于主路相交的广场，可达性略差，与城市道路的关系也相对较弱。

2. 广场与围合建筑

广场作为城市中最重要的开放空间，直观地讲，是通过周边建筑物、构筑物或其他围合要素对空间进行限定的结果。因此，广场周边围合建筑的风格、体量、比例、色彩以及对空间的围合程度都直接影响到广场的空间品质。

首先，周边建筑的风格定位直接关系到广场的形象，例如，针对中国古典风格，或者现代风格的建筑，在进行广场的具体规划设计时，就要充分考虑与周边建筑在形象上的协调，使之成为联系城市不同建筑的空间媒介。

其次，根据人的视觉感受，适宜的广场基面的长宽比例介于 3：2 与 1：2 之间，即观察者的视角从 $40°\sim90°$。因此，周边围合建筑的体量和比例是确定广场规模大小的关键因素。

最后，广场围合常见的要素有建筑、树木、柱廊以及有高差的地形。因此，广场围合建筑在较大程度上影响广场的封闭感和开放性，一般来说，封闭感较好的广场能够给行人提供足够的安全感。值得一提的是，广场围合还与建筑的开口位置以及大小有关，例如在角部开口的建筑与在中央开口的建筑对广场的围合程度有明显不同。

3. 广场景观要素设计

城市广场景观要素主要有地形、绿化、色彩、地面铺装以及景观环境小品设计。

（1）地形设计

地形不仅影响广场的功能布局，也影响人的动线组织。广场的地形有平面式和立体式两种，具体采用什么形式主要是考虑广场的用途，商业广场和街道广场一般要顺应地形的变化。为了营造层次丰富的空间效果，可以有意识地采取坡地形式，如果土地的地形起伏较大，可以考虑立体式。

（2）绿化设计

绿化是城市生态环境的基本要素之一。作为软质景观，绿化使城市空间越发显得狭窄，通过绿化的屏障作用可以减弱高层建筑给人的压迫感，增加空间的人性化尺度，并适当掩蔽建筑与地面以及建筑与建筑之间不容易处理好的部位。

城市广场的绿化设计要综合考虑广场的性质、功能、规模和周围环境。广场绿地具有空间隔离、美化景观、遮阳降尘等多种功能。应该在综合考虑广场功能空间关系、游人路线和视线的基础上，形成多层次、观赏性强、易成活、好管理的绿化空间。一般来说，公共活动广场周围宜栽种高大乔木，集中成片的绿地不小于广场总面积的25％，并且绿地设置宜开敞，植物配置要通透疏朗。车站、码头、机场的集散式广场应该种植具有地方特色的植物，集中成片绿地不小于广场总面积的10％，纪念性广场的绿化应该有利于衬托主体纪念物。

值得一提的是，树木本身的形状和色彩是创造城市广场空间的一种重要景观元素。对树木进行适当修剪，利用纯几何形或自然形作为景观元素，既可以体现其阴柔之美，又可以保持树丛的整体秩序；树木四季色彩变化给城市广场带来不同的面貌和气氛；再结合观叶、观花、观景的不同树种及观赏期的巧妙组合，就可以用色彩谱写出生动和谐的都市交响曲。

例如，上海人民广场由一轴六面构成，除中心广场以硬地喷泉为主，其余四大块均是大面积绿地，绿地主要以大块面的现代设计手法为主，外围的绿色屏障和内部开阔明快的地被花带表现了大手笔、大尺度绿地的魅力，从而取得简洁、大方的效果，广场的休闲游赏特性也随之增加。

（3）色彩设计

色彩是用来表现城市广场空间的性格和环境气氛，它是创造良好空间效果的重要手段之一，倘若处理得当，将会给人带来无限的欢快和愉悦。商业性广场及休息性广场则可以选用较为温暖而热烈的色调，使广场产生活跃与热闹的气氛，更加强了广场的商业性和生活性。

南京中山陵纪念广场建筑群采用蓝色屋面、白色墙面、灰色铺地和牌坊梁柱，建筑群以大片绿色的紫金山作为背景衬托这一空间色彩处理既突出了肃穆、庄重的纪念性环境性格，又创造了明快、典雅、亲切的氛围。最后，恰当的色彩处理还可以使空间获得和谐、统一的效果，有助于加强空间的整体感、协调感。

（4）地面铺装设计

广场中的地面铺装具有限定空间、标志空间、增强识别性、强化尺度感以及为人们提供活动场所的功能，地面图案设计可以将地面上的人树、设施与建筑联系起来，以构成整体的美感，也可以通过地面的处理达到室内外空间的相互渗透。

（5）景观环境小品设计

景观环境小品主要包括雕塑、柱、碑、水景、小型艺术品等，也包括经过艺术处理具有特色的建筑物和构筑物，如具有艺术特点的廊架、垃圾桶、指示牌、报刊亭等，还有一些为人们提供休息和服务的设施，如座椅、路灯等。它们一方面具有点缀、烘托、活跃环境气氛的游赏功能，另一方面为人们提供识别、依靠、洁净等使用功能。如处理得当，可起到画龙点睛和点题入境的作用。

在具体的环境小品设计中，首先要把握设计主题的统一性，即主题要符合广场的氛围。如纪念广场可以在轴线上设置具有纪念意义的碑、柱等，形成视觉焦点。商业广场、街头广场则应以活泼、大众化的题材为主。环境小品的风格要追求统一中富于变化。一般来说，纪念性广场要控制环境小品的数量，以简洁、稳重、肃穆的风格为主，商业广场应追求活跃的气氛，造型和色彩也要体现商业氛围。小品的摆放位置也要系统化，充分结合人的行走路线和空间的组织。此外，环境小品应尽量面对主要人流摆放，还可与绿化、设施组合，形成趣味空间。

第五章　城市公共设计的形态构成

材料是公共艺术的骨架，造型和结构形式是公共艺术的内容和灵魂，而色彩是赋予其生命活力的血脉，四者的有机结合才可能构成完美的公共艺术。在设计中无论是表现历史题材，还是表现现代内容，无论是表现乡土特色还是表现科技化的都市气息，无论是以写实的手法还是写意或变形的形式，都会联系到形态构成中这四个最基本的语言要素，所以研究公共艺术的方法需要从整体的和基本的形态构成着手。

第一节　城市公共艺术设计的造型与结构

一、公共艺术的造型

公共艺术的造型是一个非常复杂的问题，因其种类繁多，且因创作风格、意识观念、形式制作等方面的因素而有所差别，所以，很难用一定的带有标准性质的形式将它们规范起来。在这里，将提供给大家一条认识公共艺术之造型的线索。

与其他艺术的造型一样，公共艺术的造型同样具有具象和抽象两种基本形式，只是在具体的设计行为中根据自身之需要或外在之条件而有所变化和区别。

公共艺术与一般所谓纯艺术的最大区别在于它的非孤立存在性，必须与建筑本身的功能及整体景观环境的需要紧密地联系在一起，同时兼顾对于材料及其工艺制作方面的重视，更要做好这方面的设计工作。

（一）具象造型

具象造型有写实与变形之分，通常将那种再现性的，即如实地反映客观事物现实状态的描写称为写实，而将那种非再现性的，即在保持事物基本特征的前提下，人为的同时又超常规地对造型进行夸张变化的描写称为变形。

关于变形，在有的专业书籍里面被称为"意象"，这也未尝不可。变形或意象是借助于写实与抽象之间的一种造型方式，它在很大程度上具有抽象的因素。

1. 写实

在传统的造型艺术行为中，我国的写实手法趋于文学，故先天具有一种人文的性质，是写意的写实，其中也反映出中华民族所具有的高超智慧和超自然的自在。

公共艺术中以完全写实手法为表现方式的作品无论中外古今都有出现，以雕塑作品为多，如不同材料的圆雕、浮雕（包括以壁画形式出现的浮雕和建筑构件上的浮雕等）、透雕以及中国传统建筑中的彩塑等。壁画要兼顾到建筑（墙体）本身的完整性，所以采用者相对较少（一般是在写实的基础上，采用使造型平面化、变化色彩并使其秩序化等方式减弱写实感，增强装饰感）。

2. 变形或意象

对造型进行变形或意象化的处理是装饰形式艺术的共同特点之一，同时也是公共艺术中普遍采用的一个非常重要的艺术形式和内容，是公共艺术的主要特征。变是为了求得更美好的艺术效果，变往往是更典型的描写和更概括的表现。变是为了在画面上起突起、衬托或配合的作用，为了适应画面空间的限制，制作条件的要求。变也是求简的艺术手法。在此基础上再补充两点，在公共艺术中，变是为了更好地适合于材料的特性及其工艺制作，变也是为了更好地适应建筑功能以及整体景观环境的要求，使之最终达到与建筑以及人文景观环境的完美统一。

在我国现代公共艺术中，对于变形的认识和运用大多是综合了构成体系与现代艺术思维理念，所以，学习公共艺术必须首先要了解其发展脉络，熟知发生在不同时期的不同的表现方法，以备今日不时之需。若想深入了解我国传统公共艺术的精华，并且古为今用，还应从我国传统的装饰纹样（图案）入手，这是打开这扇大门的钥匙。

中国的装饰造型最早是表现在纹样上，而中国的传统纹样与文字的创造思维一脉相承，是劳动人民在生产实践中观察到的自然形象加工而成，有象形、象事、象意（寓意）等方法。中国传统素来以简为美，故造型艺术应多在夸张变形上下功夫，以将自然现象描绘成简易明白通晓的形象，并具有鲜明和富有生趣的艺术特征。

在平面形式的结构形态上，我国传统纹样大致可分为单独纹样和连续纹样两种形式，并在不同时期呈现出各自丰富的内容。如在单独纹样中的太极、同形、一整二破等，连续纹样如二方连续和四方连续等。在立体造型中，中国的公共艺术有很多是趋于变形的造型，其变形的思路与纹样的变化如出一辙。

在具体的运用中，在把握现代公共艺术造型的变形问题上，至少要从以下三个方面进行学习和研究。

（1）简化方式

简化并非简单化，并非单调，而是通过净化提纯的方法，将复杂或繁复引向朴素、简洁和单纯，使可视之物更具有典型性，更精美，并使主题更突出。简化是一种丰富的蕴藏，是具有更高境界的艺术表现形式。在公共艺术中，无论古今或中外，采用简化的变形方式进行造型的例子有很多。

（2）臆想夸张方式

臆想夸张是装饰造型中最为常用的变形方式。臆想夸张是设计者根据个人的生活经历和心理状态以及对于民族风俗等方面所引起的联想或潜意识活动赋予造型，具有比喻、暗示和象征的特征，并进一步通过夸张的变形方式强化造型语言，使造型更具特点，更具装饰性和趣味性。

（3）重构方式

在设计中，设计师可以根据设计需要将自然物象通过联想组合、打散重组、互参造型、共用造型以及透叠等重构方式进行变形处理，以达到丰富公共艺术装饰特点和美化造型的目的。

（二）抽象造型

抽象造型是指非再现性地不具体反映客观实物的造型，是对造型元素点、线、面和体的综合创造。抽象造型是进入 20 世纪后出现的以造型语言的自律性为依据的造型方式，它的依据通常来自两个方面：一是来自对客观世界偶然的感受或感想，可以称之为偶发性抽象造型。二是依据造型法则，将具有独立表现力的造型要素点、线、面、体进行组合设计，可以称之为构成性抽象造型。

1. 偶发性抽象造型

在现实生活中，艺术家往往受到客观物象某种潜在因素的刺激或影响而激发出对创造出的新的抽象样式的联想，这种联想甚至连创作者本人也难以解释，仿佛是从自身创作思维的深处自然迸发出来的。譬如对于某种运动轨迹的抽象记录，对宏观的乃至微观的景象以及对于抽象名词的解释，等等。

2. 构成性抽象造型

构成性抽象造型是目前世界范围内的在以抽象方式进行的公共艺术中普遍采用的，一方面，它可以摆脱自然物象的束缚，根据造型语言的自律性设计结构造型样式，另一方面，它可以将造型元素按照一定的形式法则，并结合景观功能和整体特征展开综合性的设计创造，使其在个性的前提下具有共性的特征。

（三）点、线、面和体的个性

在公共艺术中，无论具象、意象或抽象都离不开点、线、面和体，它们是构成平面以及立体造型的基本元素。点、线、面、体都具有各自的特征，在具体的公共艺术中它们相互联系并展示出不同的视觉效果。

点是一个相对的概念，有大小和形状的差异，当它起到点的作用的时候，无论具有怎样的差异都可以把它视为点，同样的点在不同的环境中会转化成不同的概念，如在大的环境中是点，而在小的环境中就可能被人当作面或体看待。点往往成为人们视觉的中心，是造型形态中精彩所在。

点的移动即成线，这条线可能是连续的，也可能是断断续续的，线有宽窄、粗细和曲直之分，有一定的长度，无长度便不可称为线。线有实线也有虚线。线具有极其丰富的表情性，中国的艺术家最善于用线造型，在众多的洞窟壁画中，在中国的书法、绘画、雕塑和民间美术中，随处可见运用线的精妙，人们崇拜东方（中国）艺术，实际上在很大程度上是崇拜那变化万千、出神入化的线的艺术。在线的运用上，可有轻重缓急、疾涩虚实、强弱顿挫、粗细转折等各种变化，并且不同状态的线及安排也能够表现气韵和节奏韵律。

线沿着不同方向的发展即成面，面具有长、宽二度的空间形态，但无一定意义上的厚度。其形态的变化都会给人带来不同的视觉感受。但是在面的基础上加上了厚度的概念，使其具有长、宽和深度的空间形态。体具有重量感，不同的体的形态同样也会给人带来不同的视觉感受。

总之，点、线、面、体在公共艺术中是随时都会被运用到的，只有充分把握和综合地运用好这些造型元素中的个性特征，才有可能创作出优秀的公共艺术作品。

二、公共艺术的结构形式

公共艺术的结构形式可以从两个方面来考虑，一个方面是平面的结构形式，可以称之为构图；另一个方面是立体的结构形式。

（一）平面结构形式（构图）

1. 平面装饰构图中的透视变化

在公共艺术中，平面装饰构图的透视一般是被淡化的，尽管如此，在一些形式的装饰构图中透视仍能发挥一定的作用，人们可以通过某种巧妙的方式规范这些透视，使其更具设计和建筑功能的需要，营造出舒适的视觉感受。平面装饰构图的透视有焦点透视、散点透视、环形透视等样式，其中焦点透视在装饰中较少采用，其利害关系在前面已经说过，一般是根据建筑功能和设计的需要并在特定的环境中采用。

散点透视是公共艺术在平面装饰构图中普遍采用的透视方式，我国传统公共艺术基本上是采用这种散点的透视方法。散点透视具有很强的灵活性，同时可以根据作品的尺度变化、环境特征自由地控制画面的安排。

环形透视也是采取散点透视的方法，不同的是，环形透视是将具有不同环视方向的物象保持其原有的方向表现在画面之中，给人以活泼自由的视觉感受。

2. 形的适合

在公共艺术中，形的适合是一个比较突出的问题，它主要反映在两个方面。一方面，建筑中可用于装饰的区域往往是不规则的，为了做好装饰，体现出装饰与建筑整体设计的完整性，公共艺术往往需要在形的适合上做文章。另一方面，在作品本身的构图中也需要体现形的完整性，为此，在处理形与形之间的关系时，往往根据某一形的外轮廓去创造另外一个形，使形与形之间相互适合，并在形与形的相互错让和调节中合理地利用空间，使物象的完整性得以充分地表现。

在形适合的基础上进行大胆的发挥，会得出另一种方式，即共用形的方式。可以将某一轮廓线、点、面成为两个或两个以上形体的共用的形，使其相互依存又相互制约，以独特的形式充分展示公共艺术所具有的丰富的艺术表现力，这种共用形的方式同样可以利用到立体结构形式中。

3. 形的重复

在公共艺术中，为了取得和谐的装饰效果，往往运用一种或多种重复的形构成画面（这种重复的行为在立体结构形式中也时有发生）。重复是公共艺术的重要特征之一，重复可以带来很强的装饰效果，同时，重复的方法不同给人的视觉效果也不同。形的重复有两种：一种是相同形的重复，另一种是近似形的重复。在结构形式上，可以按照设计的要求在充分体现秩序的前提下自由地运用形的重复，譬如左右、上下、环形以及不同方位的重复，也可以运用渐变的形式进行重复的安排。

4．形的层次

与一般写实性绘画不同，公共艺术在处理形的层次上大多不采用透视、明暗、虚实等方式，而是根据自身的装饰特点，在追求平面化的基础上通过形状的大小、重叠的前后等方式处理形的层次关系。

5．图与底的关系

图与底的关系问题是平面乃至立体结构形式中一个重要的问题，它直接影响公共艺术的整体效果。中国画以及书法自古就重视图与底、实与虚的关系，有所谓即白当黑或即黑当白之说。平面装饰的图与底的关系一般表现为三个方面：其一是白（浅色）底黑（重色）纹，即在白或浅颜色的底子上描绘黑色或重色的图形。其二是黑底白纹，是与前者相反的形式。其三是图底互换，即根据设计意图采取互换图底的手法自由地调节二者的关系。

（二）立体结构形式

立体结构形式与平面在很大程度上有共同性，换句话说立体结构形式并没有脱离对于点、线、面在结构形式上的控制。立体结构形式不仅需要在一定程度上充分尊重平面结构形式的一般规律和形式法则，同时更需要对其所依附的载体性能特征和建筑以及景观环境特征相适应。不仅如此，立体造型所具有的三维空间特征要求人们在其结构形式上要倍加注重对于材料特性、制作工艺以及力学等方面的研究和运用。

在现代公共艺术中，立体造型的结构形式非常注重对于立体构成的研究，特别是在以意象或抽象为表现形式的造型中更加明显。

第二节　城市公共艺术设计的材料应用

材料在公共艺术中占据着极其重要的位置，公共艺术是建立在材料的不断发现和运用基础上发展起来的。

在公共艺术中，材料运用得合理程度直接对其最终效果产生十分关键的影响。因此，在设计时必须对材料的特性和大环境有充分地把握。

把握材料的自身特性就是明晰材料的物理性能及其视觉特性，也就是人们常说的肌理效果。在准确掌握并合理运用材料自身特性的基础上，以最有表现力的处理方法，最清晰最完美的形式展现这些特性。

把握材料与环境的关系是完成公共艺术设计所要达到完美统一的关键。对于公共艺术，材料不仅可以完成作品本身的形式美感问题，同时，更进一步完成了艺术家对于建筑以及景观环境的理解和情感的寄托。

可用于公共艺术的材料是极其广泛的，只要适合，一切材料都可以成为公共艺术的媒介。公共艺术材料一般包括两类，一类是天然材料，另一类是人工材料。天然材料包括石材、木材、陶土、天然纤维材料（毛、麻、棕、竹、柳等）、漆以及矿物颜料等。人工材料包括各种金属材料、人工纤维材料、塑料、玻璃、石膏、玻璃钢、水泥，等等。每一种材料相应地有一种加工工艺或复合加工工艺。譬如手工雕刻工艺、机械加工工艺、金属加工工艺（切割、焊接、铸造等）、编织工艺、印染工艺、陶瓷烧结工艺、镶嵌工艺、漆艺等。可以说，材料的加工工艺过程是一个地道的物化过程，其制作水平的优劣直接影响作品的质量。因此，在很多情况中，公共艺术往往是集体力量的结晶。

另外，结合建筑以及景观环境的功能性，合理地选用适合人的视觉感受的材料，同样也是非常关键的。实践告诉人们，在人们的内心，似乎早已建立起了对于某种材料的承受力的信任，这种信任可能是由直觉或经验带来的。

第三节　城市公共艺术设计的色彩搭配

世界上本无可以离开色的形，也没有可以离开形的色，色与形是一体。色彩有科学的一面，有一般的规律可循，无论哪一种门类的造型艺术都要遵循这个规律，这是一切造型艺术的共性所在。色彩同样也有个性的一面，有无规律可循的一面，当色彩与人产生碰撞并由这种碰撞带来艺术活动时，这种个性才能够得到充分地体现，色彩的这种个性是造型艺术的存在以及形成区别最为珍贵的品质。色彩直接作用于人的视知觉乃至心理，使人产生联想、激动和不同程度的快乐。

公共艺术在色彩的运用上有其自身的规律性和特征，这种规律性以及特征是建立在对于色彩基本规律的前提下展开的。另外，长期以来人们对于欣赏此种艺术所形成的某种程度的心理定式以及民族性的色彩审美问题也是影响公共艺术表现的重要因素。

一、色彩基础

(一) 色彩常识

1. 光与色

正如火焰产生光一样，光又产生了色彩，色是光之子，光是色之母。

2. 色立体

色彩通常分为两大类：有彩色和无彩色。所谓有彩色即是指那些具有色彩倾向的或有色味的色。譬如红、黄、蓝、绿、青、紫等色。所谓无彩色则是指没有色彩倾向的色，如黑、白、灰。另外，每一种有彩色同时具有三种要素，即色相（指色彩的倾向）、明度（指色彩的明暗程度）和纯度（指色彩的饱和度），无彩色只有明度上的变化，没有色相与色彩纯度上的变化。

人们将色彩按照它们的属性（即色彩的三要素）结构成立体坐标，并称之为色立体。这种色立体以垂直中心轴表示明度等级，以半径的长短表示色彩的纯度等级，以圆周角表示色相的顺序变化。色立体像一颗色彩斑斓的色彩树，使人们能够准确地找到所需要的色彩，色立体为人们深入地认识、把握和运用色彩提供了方便。

3. 色彩的混合

色彩的混合包括两个方面，即加色混合（或正混合）和减色混合（或负混合）。所谓加色混合是指光的绘画，通过这种方式的混合，人们发现加入混合的光色越多其光色的亮度就越大，如果是全色光，那么混合的结果就是很亮的白光；减色混合是指颜料的混合，这种混合的结果是加入混合的色素越多其明度就会越低，直到无色的黑。

无论是加色混合还是减色混合，都会造成色彩纯度的降低。另外，人们通常将不能进行再度分解的色称为原色，故有三原色之分（光与颜料的三原色是有一点区别的），而把两个原色混合出的色称为间色，把两个间色混合出的色称为复色。三原色具有全色的性质，所以色彩的混合往往通过三原色表达。

（二）色彩的对比与调和

对于色彩的感知以及判断只有从整个的色彩关系中取得，关系问题是解决色彩乃至一切艺术的关键。那么，这种色彩的关系中必然包括两个方面的问题，即色彩的对比与调和的问题。这里分别将对二者所具有的特征加以描述，希望通过描述能够使读者进一步对其性质和艺术的价值有所把握。

另外，需要申明一点的是，在实际公共艺术的色彩运用中，采用单一的色彩对比形式或调和所进行的装饰行为是很少见的。更多的时候是通过多种对比和调和的关系使之有机地融合在一个整体里面。换句话说，无论采用怎样的对比与调和关系，建立起一个和谐的统一色调关系是尤其重要的。色调不仅是公共艺术本身的需要，同时也是整个建筑环境的需要。就像文学作品之于章法，音乐作品之于旋律一样，公共艺术一定要在一个和谐而美妙的色调中才能够得以完美体现。

色彩的对比与调和应该是从事造型艺术的人们所共同探讨和深入研究的课题，深切地掌握其中的内容对于公共艺术设计无疑会起到很好的推动作用。

1. 色彩的对比

色彩的对比可概括为七个方面：色相对比、色度对比、明度对比、补色对比、冷暖对比、同时对比、面积对比。这七个方面的对比中，前三种是色彩三要素的直接反映，后四种是这三种要素的引申。

（1）色相对比

色相对比是指未经掺和的色彩以其最强烈的明度所进行的对比，是七种对比中最为简单的一种。当红、黄、蓝三色被同置于一个画面的时候，就会呈现出一种极端的对比状态，其效果总是令人兴奋、生气勃勃和毅然坚定（譬如在民间公共艺术中，类似这样的情形是很容易见到的）。当使用的色相从三原色中远离时，色相对比的强度就会相应减弱。

在装饰色彩中并非总是使用具有相同强度的色相表现，大多采用更为主动的方法，即让一种色相起主要作用，其他色相作为辅助而少量使用，这样从一定程度上加强了色彩的表现性特点，从而使这种色相对比表现出或欢快或忧郁，或纯朴或华美等特征。

另外，白色与黑色甚至灰色，在以色相对比为表现方法的公共艺术中往往是不可缺少的。它们的作用在于起到某种程度的控制（加强或减弱）及协调等作用，从而使这些色相间的对比趋于更大程度的和谐。

（2）色度对比

色度是指色彩的饱和度或色质，指的是色彩的纯度。色度对比就是在色彩的纯度层次上所进行的对比，实践证明，由白光通过棱镜产生的色相具有最大的饱和色，或称色相的最强度。任何一种纯色当受到外力干扰时，它原有的色彩饱和度就会随之降低。假如人们在某种色彩中按照一定的比例加入无彩色（黑、白、灰）或有彩色，并使之建立起九个等级的纯度色标，人们就会清楚地看到其中的变化。另外，不同的色相（原色）其纯度也是不同的。

当一种混合色包含有三种原色时，所得到的色相就会呈现出一种无光泽的、暗淡了的特性，因比例的不同，它们会在色彩倾向上反映出不同程度的变化，譬如会呈现出微红的灰色、微黄的灰色或微蓝的灰色，乃至黑色。当然，同样的方法也适用于三种间色，或者任何其他的色彩结合，只要在总体混合色中存在这三种原色的成分。

另外，色度在实际的运用中其对比效果总是相对的。即同一种色彩在遇到较暗淡的色彩时会显得明亮而生动，而遇到更加明亮的色彩时则又会显得暗淡和缺乏生动性，这是一个很重要的问题，获取其中的经验只有在不断的实践中去实现。

在公共艺术的色彩中，不同的色度对比关系给人们带来视觉感受也是不同的。譬如高纯度基调的色彩会给人以积极、冲动、强烈、外向、快乐以及充满生气之感；中纯度基调的色彩会给人以稳定、成熟、柔和以及质朴之感；低纯度基调的色彩会给人以简朴、陈旧之感。

（3）明度对比

明度对比是指色与色之间在明暗和层次上的对比，是公共艺术色彩中极为关键的一环。可以讲，任何色彩的表现都必须通过明度上的对比完成。当人们着手公共艺术的设计和创作的时候，往往首先想到的会有色彩的明度问题。色相之间因为明度对比程度的不同而形成不同的总体趋向。也就是明度基调，通过这种基调人们可以感受到不同情感特征的存在。其实，有关于明度的描写在生活中也是随处可见的，例如某个人长得很黑或很白，天色很暗或很亮等。

为了清楚了解和进一步把握色彩的明度关系，人们往往通过色阶的方式，用一个从黑（最暗色调）到白（最亮色调）的尺度表衡量色彩的明度变化，通常的做法是排成九个色度，并将这九个色度进一步划分为高、中、低三种调式。这种方式适合于对一切色彩的明度的分析。

在无彩色（黑、白、灰）或某一种彩色色相范围内，它们的明度层次是容易区别的。但是，色彩本身包含着不同的色相，这些不同的色相又具有不同的明度，所以，当多种色相同时存在时，这种对于不同色相层次上的鉴别就会变得非常复杂，绝非可以通过某种计算公式解决问题。这需要从事公共艺术的人们能够练就一双敏锐的眼睛，具备能够精确地鉴定这种复杂变化的能力。

对于公共艺术来讲，一个更为复杂的问题是，明度对比不仅反映在公共艺术本身，同时也反映在它与被装饰物和整个大环境的和谐上。

（4）补色对比

在人们通常使用的美术颜料中，将调和后能够产生出中性灰黑色的两种颜色称之互补色。例如黄与紫、橙与蓝、红与绿。在色相环中这三对中的各自两色呈对立位置。从物理学上说，两种互补色光混合在一起时，产生白光（这在前面的色彩常识中已经说明）。

互补色是互相对立又互相需要的一对色彩。当它们靠近时便会产生强烈而鲜明的对比关系，当它们调和时，就会像熄灭了的灯火一样使一切色彩消失，变成一种灰黑色。

不仅如此，人们发现在每对互补色中都包含红、黄、蓝这三种原色。

这就意味着每一对补色都囊括了光谱中所有的色彩，进一步说，倘若人们将光谱中的一种色相去掉，所有其他的色相混合在一起就会产生它的补色。

色彩的互补关系在自然界中经常会看到，其表现出的优美与神秘令人惊叹。譬如人们可以在红花与绿叶中，在紫色的花瓣与黄色的花蕊中观赏到这种美妙的结合。当然，在公共艺术中，其色彩未必局限在对于一对互补色的使用上，也可以使用两对、三对或更多对的互补色。只要补色色域相互接触或不太远离，自然会收到很好的艺术效果。

每对互补色都有自己的独特性。互补色的规则是色彩和谐布局的基础，遵守这种规则便会在视觉中建立精确的平衡，而这种平衡往往在公共艺术中是尤为重要的。

（5）冷暖对比

在色轮中，按照它的顺序排列，人们往往将趋于红色的色彩系列称为暖色，如黄、黄橙、橙、红橙、红和红紫色。而把趋于蓝色的色彩系列称为冷色，如黄绿、绿、蓝绿、蓝、蓝紫和紫色，并同时把红橙色和蓝绿色视为冷暖对比的两个极端。而事实上，一切色彩都具有相对性，当一种色彩被放置于比它更暖或更冷的色域中的时候，这种色彩原有的冷暖性能就会相应地产生变化，这取决于色彩间的相互对比关系。

（6）同时对比

同时对比是直接针对人的视知觉展开的研究，当人们将完全相同的一块颜色置于不同的色域里时，这块颜色在人的视觉中就会改变原有的状态而呈现出不同的色彩倾向，这种倾向包含了互补色的规律，譬如在大的红色的色域里置一黑或灰色块，那么这块黑或灰色块就会呈现出略带绿色的色彩倾向，其他色亦然。

另外，当人们看到任何一种特定色彩的时候，眼睛都会同时要求有与之相应的补色存在，以获取视觉上的平衡。对背景色看的时间越长，并且色彩的亮度越大，同时效果就会变得越强。

同时对比所产生出的这种效果不仅会发生在一种灰色和一种强烈的彩色之间，并且也会发生在任何两种并非准确的互补色彩之间。两种色彩分别使对方向自己的补色转变，因而这两种色彩通常都会丢掉它原有的某些内在特点，而变成具有新效果的色调。在这种情况下，色彩就会引起一种兴奋的感情和强度不断变化的充满活力的颤动。在持续的注视下，这种特定色彩似乎会失去强度，而对这种同时色相的感觉却增强了。色彩感觉的动因并不总是和它的效果相一致的，这条原理完全有效。

同时对比所产生出的效果对于从事公共艺术设计的人们至关重要。在设计的初期，不妨先用一幅预备性的草图来检查色彩效果，即把一幅构图里要使用的色彩进行并置，同时要考虑与大环境在色彩上的同时对比关系。

（7）面积对比

面积对比是指两个或更多色块相对色域所产生的对比。这是一种大与小、多与少之间的对比色彩，可以组合在任何大小的色域中，但是这里所要研究的是在两种或多种色彩之间存在着的通过对于面积的控制而达到的色彩间的平衡。

在色彩中，有两种因素可以决定一种纯度色彩的力量，即它的明度和面积。在估量色彩的明度时，首先应该将含有不同色相的色彩放在一个中等明度的中性灰色背景下进行比较，这样便很容易发现这些色相在明度上是有很大差别的。

在实际的公共艺术设计中，对于色彩面积的控制，好的办法是发展和运用自身直觉，要从色彩的效果出发探寻色域的大小和形状，况且，在公共艺术中色域在形状上常常反映出错综复杂的特征，很难以计算的方式用简单的数字比例将它们归纳起来，只有靠不断地实践才能获得。

2. 色彩的调和

人对和谐的需求不仅来自所学到的知识，更大程度上来自人的生理或知觉。所谓色彩的调和是指针对那些能够引起人们产生不快或不安感受的色彩，为构成和谐而统一的整体所进行调整与组合过程。但实践证明，能够引起人们产生不快或不安感受的因素有很多，所得到的结果也不尽相同，在关于色彩的调和中，至少要考虑两个方面的内容。

（1）共性调和

共性调和是指在色彩三要素中，通过加强彼此间的共性特征达到和谐目的的调和。譬如在色彩的色相关系中，为了使色彩达到某种程度的和谐，要在诸多色彩中努力寻找可以统调到一起的具有共性意义的色相，进一步加强这一色相同时削弱其他原来被认为尖锐和刺激的色相，最终使色彩达到统一和谐。这种办法同样可以运用到对于色彩明度、纯度或者背景色彩的统调上，其中在公共艺术中，通过对于统调背景颜色而使画面总体色调达到统一和谐的例子是非常多的。

（2）面积调和

不言而喻，所谓面积调和即是通过对各种色彩的色域大小进行统调。一般来讲，对比双方的面积越大，其调和的效果也就越弱，反之则越强。

实际上，在具体的公共艺术设计中，为了使作品中的色彩达到某种程度的和谐，通常需要同时考虑以上这两个方面的内容。

3．色彩的表现性

色彩的表现性往往是造型艺术中备受关注的问题，从事公共艺术设计的人们尤其不能忽视对这一重要问题的研究。

色彩的表现性与人类的心理活动有着密不可分的内在联系，在长期的与色彩接触和艺术实践中，人们对于色彩的表现性的认识，在一定程度上达成了共识，譬如对于色彩表情的认可，这是人类对于色彩认识的共性所在，当然，这种所谓共性同时带有很强烈的时代性、地域性等特征，随着时间的推移，这种共性会相应产生变化。

现在对部分色彩的表现性予以概述。

（1）红色

红色是一种浓厚而不透明的色彩，在可见光谱中，红色的波长最长。哪怕是在极为恶劣的天气里，它仍然能够穿透空气并显示出强大的威力，所以，在生活中人们往往利用红色作为警示的标志。

红色同时具有极为丰富的表情，它温暖、热烈、吉庆、真诚、赤子，具有一种不可抗拒的火焰般的力量。处于高明度的红色具有一种能够使人血液循环加速和产生兴奋感的力量。中国人最喜爱红色，常常将其视为正义、吉祥的象征，在民间生活、礼仪、纪念日以及美术活动中，红色被视为最重要的色彩而广泛使用。

红色具有非常丰富的变调可能性，因为它可以在冷与暖、模糊与清晰、明与暗之间进行广泛的变化。当红色与其他色彩相遇时，其表情会相应发生变化。

（2）黄色

黄色是所有色相中最能发光的色彩，在可见光谱中其波长居中，黄色是一种具有明亮、尖锐、扩张感，同时又缺乏深度的色彩。

黄色具有光明、华贵、富丽、智能、绝对等特征，往往使人产生对于丰收、权威、欢快等方面的联想。

黄色只有在保持明度和纯度的绝对稳定前提下，其辉煌的特征才能够得到充分的体现，所以艺术家大多非常谨慎地使用这一色彩。

当黄色与其他色彩相遇时其表情会相应产生变化。如在红色色域中，黄色会显得喧闹而欣喜。在橙色色域中，黄色会显得更纯更亮，犹如阳光般的灿烂。在蓝色色域中，黄色显得明亮而辉煌，但稍显强硬和难以调和。在红紫色色域中，黄色会呈现出一种极端的富有特点的力量，坚实而冷静。

（3）蓝色

蓝色是一种与红色特征形成反差的色彩，是一种在人的视觉中表示出收缩、内向的色彩，在可见光谱中蓝色的波长较短。

从有形空间的观点来看，正如红色总是积极的一样，蓝色总是消极的。然而从无形的精神观点来看，蓝色似乎是积极的，红色则是消极的。正如红色同血有联系，蓝色同神经系统有联系。

当蓝色被置于黄色之上，蓝色就会显得黯淡，同时呈现出模糊和暖昧之感。蓝色置于黑色之上，蓝色则会以明快纯正的力量闪光。在暗褐色（深暗的橙色）底上时，蓝色则表现出一种强烈的战栗，同时激发出了褐色的生动性。

（4）绿色

绿色是介于黄色与蓝色之间的中间色，产生于两种原色之间的调和，是间色的一种，在可见光谱中绿色处于中间的位置。绿色的种类很多，它随着黄色或蓝色含量的多少，在表现特色上会产生相应的变化。

绿色的转调领域非常广阔，倘若绿色倾向于黄，会焕发青春意气。倾向于蓝色，绿色则变得精神倍增。倾向于灰，绿色则变得消极。倾向于黑，绿色则变得深沉、安稳和带有几分忧愁。

在公共艺术设计中，人们可以通过不断地实践，对绿色在变调中所具有的各种不同的表现价值加以了解和认识。

（5）橙色

橙色是红色和黄色的混合色，也是间色之一，在可见光谱中，橙色的波长仅次于红色。在所有色彩中，橙色是最具光辉的色彩，它具有太阳般的发光效果，发红的橙色能取得最大的温暖和活跃的能量。纯度高的橙色有躁动感，但总体是喜庆的。用黑色混和时，它会变化为模糊、缄默和干瘪的褐色。若将这褐色淡化，就可获得灰褐色调，能产生让人感觉温暖慈祥的气氛。

（6）紫色

紫色在可见光谱中属于波长最短的一种，是红与蓝结合而成的间色，但要确定一种标准紫色，换句话说，这种紫色既不倾向于红也不倾向于蓝，是极端困难的。

紫色作为黄色的补色，往往具有某种程度上的与黄色相反的特性。紫色一般给人以神秘的，有时甚至是令人压抑的感觉。并且因对比的不同，而表现出的具有鼓舞性的感觉。

其实，对于色彩的感知和正确判断是来自整体的观察，只有根据每种色彩同其邻色和整个色彩的关系与相对位置作出相应的判断，才能得出有用的尺度。

另外，当两种被认为是互补色的色彩相遇时，它们彼此的色彩特性就会得到一定程度的互相补充，从而产生一种综合性的色彩特性，设计师往往利用这种特性使公共艺术作品达到某种程度的和谐。

以上进行了一些有关色彩的表现性的分析，当然，这些分析主要来自前人所总结的经验。其实，人们需要进一步探讨有关色彩表现性的问题还远非如此，这些问题都会对人们从事公共艺术的设计产生良好的促进作用。总之，对色彩的精神上和情感上的表现价值考虑得越多，就越会发现，色彩效果和人们在色彩体验方面的主观个性都是千差万别的。人们在具体的工作实践中，要尊重这些客观存在，使这些经验和知识成为人们行动的指引。

4. 形状与色彩

在造型艺术中，形状与色彩是分不开的，形状同样具有色彩般的表现特性，形状和色彩的这些表现特性是同时发生作用的，就是说，形状和色彩的表现力应该是相辅相成的。

正如红、黄、蓝是三种基本色彩那样，三种基本的形状——正方形、三角形和圆形可以确定为具有突出表现价值的形状。

二、公共艺术色彩的表现特点

(一) 因地制宜

公共艺术与建筑及景观环境是统一的整体，在色彩的色相、明度和纯度上都要针对建筑及景观环境的诸多因素进行合理而巧妙地选择。

在具体的设计工作中，首先要处理好公共艺术的色彩与特定建筑功能乃至整个景观环境的关系问题。譬如在一些剧场、文化娱乐场所、公园等充满欢快和热烈气氛的特定建筑环境中，其装饰色彩的运用就应具有相同的性质。具体地说，可以选择明快、响亮和鲜明的暖色来适应这个环境。同样，在餐厅或酒吧里面，应该努力找到那些能够引起进餐者食欲和舒适感的柔和而温暖的色彩。在运动场、体育馆以及其他具有健身和竞技意义的场所里面，其装饰的色彩一定是具有较高纯度的、鲜明的、具有强烈对比和令人亢奋的。相反，在学校、图书馆、疗养院以及一些休息场所，则需要配制一些足以使人感到清新和稳定的色彩，如以绿色或其他冷色为主的色调，从而能够使人在优雅而宁静的环境中修养身心。

（二）重写意轻写实

第一，公共艺术的色彩不受三维空间条件的限制。在大自然中，当人们站在某一位置去观察风景时，就会发现，色彩会随着距离的不同而产生变化。在几乎相同的物体色彩中，近处的色彩要暖一些，远处的色彩要冷一些，近处的色彩要纯一些，远处的色彩要灰一些。

第二，公共艺术的色彩不受自然界中所谓固有色彩的影响。譬如在大自然中，人们会看到天空是蓝颜色的，树是绿的，土地是黄的等，纯艺术中的绘画一般是要尊重这个现实的，公共艺术设计师可以根据建筑功能和整个环境的需要而随意改变这些色彩。

第三，公共艺术的色彩不受自然界中所谓环境色的影响（作品与整体环境之间，其环境色的问题则是非常需要关注的）。在大自然中，一切色彩都是随着自然条件的变化而变化的，是相互影响着的，是没有固定的色彩可循的，在上面所提到的所谓色彩的"固有色"其实也是一个相对的说法。在现实主义绘画中，画家们是非常注重对于环境色的表现的，设计师可以根据设计意图将所描绘的物象色彩保持在一个特定的状态里，而不受环境色的影响。

公共艺术这种运用色彩的写意性和自由性为设计师的艺术创造提供了条件，同时也为设计师可以有机地和更为广泛地使用各种可以利用的材料提供了方便。

（三）贵单纯朴厚

中国的艺术历来以浑金璞玉为贵。凡被称之为装饰艺术的，在很大程度上是唯美的，公共艺术也同样如此。在中国传统美术中，大红大绿、大实大虚、大动大静、大气磅礴、以大为美的作品常常为人们所赞叹，这种做法也同样适合于公共艺术，虽雕琢而不小气，虽润色而不娇造。

从某种意义上讲，色彩上的单纯反而会成为作品丰富的阶梯，越单纯往往越是名贵。这里所蕴藏的辩证之理是值得人们深入研究的。

色彩对公共艺术的表现具有很大的影响作用，因为人们在欣赏公共艺术时，首先引起视觉反映的就是色彩，色彩最能引起人的注意力。美妙的色彩设计可以进一步加强建筑以及景观环境的艺术表现力，同时在一定程度上也可以弥补建筑以及景观环境其他方面的不足，完善整体环境的设计语言。

在公共艺术中，色彩最容易营造气氛和表现情感。同时，通过色彩人们可以进一步了解建筑以及景观环境所具有的功能及其文化，让人们去感受特定环境下的美好。另外，色彩还能够起到和进一步加强建筑以及景观环境的功能识别性，譬如不同行业的建筑，一般都有不同的特定色彩，这些特定色彩也许是来自长久以来人们习惯性的做法和认识，设计中如果能够合理地运用这些色彩因素，便可恰当地反映建筑和特定环境的功能特征，如用红白条纹装饰理发店，用绿色或白色装饰医院，用中性的近乎灰色的稳重的颜色装饰机关，等等，特定的色彩几乎已经成了这些建筑的代名词。

参考文献

[1]陈罡.城市环境设计与数字城市建设[M].南昌:江西美术出版社,2019.05.

[2]李璐.现代植物景观设计与应用实践[M].长春:吉林人民出版社,2019.10.

[3]赵玉国.传统与现代庭院空间设计研究[M].北京:光明日报出版社,2019.01.

[4]林巧琴.基于审美视角下建筑环境艺术设计研究[M].北京:北京工业大学出版社,2019.10.

[5]吴相凯.基于绿色可持续的室内环境设计研究[M].成都:电子科技大学出版社,2019.07.

[6]张健.公共艺术设计(新一版)[M].上海:上海人民美术出版社,2020.01.

[7]赵华森,陈燕.智慧城市中的公共艺术设计[M].杭州:中国美术学院出版社,2020.

[8]乔迁.公共艺术设计[M].北京:中国建筑工业出版社,2020.06.

[9]张师师.现代城市公共艺术设计与实践研究[M].长春:吉林美术出版社,2020.06.

[10]王艳.公共艺术(第2版)[M].武汉:武汉理工大学出版社,2020.05.

[11]李木子.公共艺术研究[M].芜湖:安徽师范大学出版社,2020.03.

[12]陈媛媛.公共空间的新媒体艺术[M].上海:同济大学出版社,2020.04.

[13]李苏晋,曾令秋,庞鑫.公共空间设计[M].成都:电子科学技术大学出版社,2020.09.

[14]张文忠,赵娜冬.公共建筑设计原理[M].北京:中国建筑工业出版社,2020.08.

[15]金萱.城市公共空间湿地景观艺术[M].北京:新华出版社,2020.07.

[16]赵小芳.城市公共园林景观设计研究[M].哈尔滨:哈尔滨出版社,2020.07.

[17]王东辉.环境艺术设计手绘表现技法[M].沈阳:辽宁美术出版社,2020.04.

[18]宋其勇,杨博.超越视觉:视觉艺术设计研究[M].北京:科学技术文献出版社,2020.09.

[19]毛静一,王杰.景观公共艺术设计[M].长春:吉林人民出版社,2021.08.

[20]施慧.公共艺术设计修订版[M].杭州:中国美术学院出版社,2021.01.

[21]黄茜,蔡莎莎,肖攀峰.现代环境设计与美学表现[M].延吉:延边大学出版社,2019.06.

[22]朱安妮.传统文脉与现代环境设计[M].北京:中国纺织出版社,2019.09.

[23]赵佳薇.现代商业空间环境艺术设计与创新[M].北京:中国商务出版社,2019.08.

[24]班建伟.现代城市环境艺术设计研究[M].长春:吉林美术出版社,2019.08.

[25]林家阳,陈岩,唐建.建筑环境设计历史与理论[M].杭州:中国美术学院出版社,2019.03.

[26]李永慧.环境艺术与艺术设计[M].长春:吉林出版集团股份有限公司,2019.04.

[27]林家阳,金啸宇,潘韦好.环境设计手绘表现技法[M].杭州:中国美术学院出版社,2019.04.

[28]邵露莹,徐晶.现代艺术与平面设计研究[M].长春:吉林美术出版

社,2019.01.

[29]张波,武春焕.环境艺术设计专业教学与实践研究[M].成都:电子科技大学出版社,2019.06.

[30]瞿燕花.环境设计实践创新应用研究[M].青岛:中国海洋大学出版社,2019.06.